化学反应性危害的管理实践

Essential Practices for Managing Chemical Reactivity Hazards

[美]罗伯特·W·约翰逊(Robert W. Johnson),
[美]史蒂文·W·鲁迪(Steven W. Rudy),
[英]斯蒂芬·D·昂温 (Stephen D. Unwin) 著

天津开发区(南港工业区)管委会 译

中国石化出版社

著作权合同登记　图字 01-2018-6745

图书在版编目（CIP）数据

化学反应性危害的管理实践 / (美)罗伯特·W.约翰逊(Robert W. Johnson), (美) 史蒂文·W.鲁迪(Steven W. Rudy), (英) 斯蒂芬·D.昂温(Stephen D. Unwin)著；天津开发区(南港工业区)管委会译.——北京：中国石化出版社，2018.11

ISBN 978-7-5114-5097-5

Ⅰ. ①化… Ⅱ. ①罗… ②史… ③斯… ④天… Ⅲ. ①化学反应工程—化工安全—安全管理 Ⅳ. ①TQ086

中国版本图书馆CIP数据核字(2018)第254671号

中国石化出版社出版发行

地址：北京市朝阳区吉市口路9号

邮编：100020　电话：(010)59964500

发行部电话：(010)59964526

http://www.sinopec-press.com

E-mail:press@sinopec.com

北京富泰印刷有限责任公司印刷

全国各地新华书店经销

*

710×1000毫米16开本10印张155 千字

2018年11月第1版　2018年11月第1次印刷

定价：58.00元

译者序

目前，在我们国家，作为区域经济发展新焦点的工业园区，如雨后春笋般在全国各地兴建起来。今后我国工业园区建设还将继续呈现良好的发展势头。由于起步较晚，我国在工业园区的建设和管理方面经验不足。以美国为代表的发达国家在这方面已积累了十分丰富的经验和教训，他山之石可以攻玉，这些对于我国正处于高速发展中的化工园区建设和管理，具有重要的借鉴作用。通过学习和借鉴这些方法和经验，提高我们的认识，优化我们的管理水平，有助于把我们的化工园区建设成加工体系匹配、产业联系紧密、原料直供、物流成熟完善、公用工程专用、管控可靠、安全环境污染统一治理、管理统一规范、资源高效利用的产业聚集地。

为进一步拓宽国内化工园区的视野，加深对国外化工园区先进管理理念、经验和方法的理解，提高国内化工园区在产业集群维度上的安全、环保管理水平，我们已先后翻译、出版了《地方经济发展与环境：寻找共同点》、《商业竞争环境下的安全管理》、《石油和化工企业危险区域分类：降低风险指南》、《石油、天然气和化工厂污染控制》、《化学和制造业多工厂安全管理》、《石油和天然气工业对大气环境的影响》、《化工装置的本质安全——通过绿色化学减少事故发生和降低恐怖袭击的威胁》等七部国外著作，并得到业界读者的好评。2018年，针对国内化工园区建设和发展的实际需要，我们再次精选并翻译了《化学反应性危害的管理实践》和《化学工程——非化工专业读本》两部著作，作为国内化工园区安全管理的参考资料。

《化学反应性危害的管理实践》一书系美国化工过程安全中心(CCPS)编写的经典安全指南系列图书之一，详细介绍了“化学反应性危害”管理的关键考虑因素，化学反应性危害初步筛选方法，以及识别、评估、沟通、培训、事故调查等化学反应性危害的基本管理实践，以帮助化工园区管理人员和工程技术人员应对由不受控制的化学反应引发的危害所带来的安全管理挑战。

《化学工程——非化工专业读本》一书用通俗的语言介绍了涵盖化学工程各个技术领域的原理、工艺、设备等方面的基础知识，旨在帮助化工园区管理人员和非化工专业技术人员在较短的时间内对化学工程的概貌有一个基本了解，能利用本书介绍的知识更好地参与或开展化工园区的管理工作。

参与书稿翻译、审阅工作的还有张文杰、刘春生等同志，中国石化出版社对著作的出版给予了大力支持，在此一并致谢。

鉴于水平有限，书中难免存在谬误和不足，敬请读者批评指正。

本书编译组

2018年9月

前 言

40年来，美国化学工程师学会(American Institute of Chemical Engineers，AIChE)一直致力于化工、石油化工及相关行业的过程安全与损失预防工作。AIChE出版物是化学工程师和其他专业人员重要的信息资源，可以帮助他们更好地了解过程事故发的原因并提供预防方法。化工过程安全中心(Center for Chemical Process Safety，CCPS)是AIChE所属的一个理事会。CCPS成立于1985年，旨在开发和传播信息，促进化工装置和工艺过程的安全运行，以防止化学过程事故的发生。CCPS活动得到了来自超过80家公司的资金和技术支持。一些政府机构、非营利组织和学术机构也参与了CCPS项目。

在其咨询和管理委员会的支持和指导下，CCPS制定了一项多方面的解决方案，以满足工艺安全技术和管理系统的需要，以减少工艺工程对公众、环境、操作人员和设施的潜在影响。在过去的几年中，CCPS已经扩展了其出版计划，策划了一批“概念系列(Concept Series)”图书。这些图书的重点更多地涉及一些特殊专题，而不是更长、更全面的系列指南，旨在作为该系列指南的补充。关于这个图书系列，CCPS已经出版了80本专著。

1989年，CCPS出版了具有里程碑意义的《Guidelines for the Technical Management of Chemical Process Safety(化学工艺安全技术人员管理指南)》一书。而本书的出版旨在为公司、组织和个人提供与管理系统和危害评估协议相关的指导。本指南介绍了如何在固定装置和运输容器中安全处理、加工和储存可能涉及不受控制的化学反应的化学品。本书提供了一些实例和建议，主要涉及处置由不受控制的化学反应引发的危害的有效方法和管理实践。出版本书的目的，是为任何具有潜在化学反应性危害的设施提供指导，以应对不受控制的化学反应造成损失、伤害或环境危害所带来的挑战。本书并非如何安全管理化学反应性危害的唯一指南，但它确实代表了部分化学公司和咨询机构的一些共识。

目　录

1 概 述

本书所述的“化学反应性危害(chemical reactivity hazard)”是一种可能发生的不受控制的化学反应，可能直接或间接地对人、财产或环境造成严重损害。不受控制的化学反应可能伴随着温度升高、压力增加、气体膨胀或其他形式的能量释放，即使没有发生爆炸，也会造成严重的伤害。例如，化学反应产生的气体可以是可燃的、有毒的、腐蚀性的、热的，或者可以加压直到爆炸。

化学反应性危害也被称为反应性危害、反应性化学危害和化学反应危害。化学反应性与其他诸如毒性、腐蚀性、可燃性和粉尘爆炸性等物质危害类似。化学反应性危害不仅是由于有机过氧化物和聚合单体等自反应物质(self-reacting materials)造成的，而且还可能是由于不受控制的化学相互作用(如不相容性)造成的，甚至发生在通常认为不会反应的化学品之间。因此，化学反应性危害可能不是一种材料的简单、内在属性。不受控制的化学反应的潜在危险可以有多种形式，包括一种或多种内在的材料特性以及材料使用的条件。

美国化学安全和危害调查委员会(U.S. Chemical Safety and Hazard Investigation Board)对化学反应性危害的调查结论为：使用化学品清单(lists of chemicals)是对反应性危害进行监管的一种不尽人意的方法。为改善反应性危害管理，监管机构与行业需要共同解决化学品与工艺过程条件特定组合所带来的危险，而不是只关注单个化学品的固有特性(CSB 2002b)。

破坏性火灾(damaging fires)是不可控制的化学反应，因此涉及普通易燃和可燃材料的火灾危险可以包括在上述化学反应性危害的定义中。然而，本书试图通过解决如何在工作环境中成功地管理其他化学反应性危害来作为基本的防火和保护措施的补充。因此，本书中“化学反应性危害”一词的使用不包括涉及易燃和可燃材料在空气中的爆炸、火灾和粉尘爆炸危害。商业炸药的储存和使用也不在本书的讨论范围之内。

如上所述，化学反应性危害表现在两方面：即使不与其他材料结合，“自反应物质”以不受控制的方式分解、聚合或重新排列组合，也会造成损失或伤害；如果环境条件允许发生不可控制的化学反应，那么“化学相互作用(chemical interactions)”有可能造成损失或伤害后果。后者包括化学反应将要发生的情况[例如间歇反应(batch reactions)]，但出现了问题，比如暂时失去搅拌。后者也包括没有将要发生化学反应的情况，而本来不相容的材料被混合到一起，或者混合物受到加热或其他导致不受控制的化学反应的条件发生。这些化学相互作用涉及常见的材料，如空气(与自燃物质或过氧化物质结合)、水(与水反应物质结合)和普通可燃物质(如木头、布或硬纸板，与氧化剂结合)。

许多常见的商业和家庭使用的材料，诸如清洁剂和溶剂，也会造成化学反应性危害。它们与其他物质发生化学反应或自我反应(如在充分加热时分解)的可能性常常存在。例如，含氯漂白剂与氨基清洗剂联合使用，每年都会导致许多事故的发生。这些物质之间的反应会产生热量，也会产生有毒蒸气，甚至在某些条件下可以形成爆炸性的三氯化氮(NCl_3)。

正如在《CCPS Safety Alert(CCPS安全警报)》(CCPS 2001a)中提到的，化学反应性是一个非常理想的特性，可用于许多有用的材料的合成。它还允许产品在相对温和的压力和温度下生产，以节省能源，并且降低高温或高压设备的系统风险。然而，使化学反应如此有用的性质也构成了对健康和财物的危险。反应并不局限于可预期和可控制的情况。

本书适用于能接触化学反应性危害的设计、管理和操作化学反应装置的人员，而这些反应装置用来存储、处理或加工化工材料。为了确定是否存在化学反应性危害，我们提供了“化学反应性危害的初步筛选方法”(参见第3章)。示例程序由一些行业内领先的公司提供，会重点涉及典型的化学反应性危害事故以及主要的化合物。

1.1 目的

本书旨在促进持续减少和降低工作场所中不受控制的化学反应事故的数量和严重性，并传播管理化学反应性危害的要点——这些要素是避免或减轻化学反应性事故所必需的，但并不总是充分的。实施这些要素应建立一个管理制度，并且该制度需要进行不断完善：

① 承诺在整个设备生命周期内管理化学反应性危害；

② 识别所有化学反应性危害；

③ 了解可能导致无法控制的反应的情况；

④ 在可行的地方减少危险，从而实现本质更安全的装置；

⑤ 通过设计、建造、操作和维护装置，控制所有化学反应性危害，以防止化学反应性危害事故的发生；

⑥ 减轻(或降低)可能发生的事故的严重性，尽管进行了预防工作。

管理不同类型的化学反应性危害可能需要不同的组织结构。如第1.3节所述，涉及化学反应性危害一般情况如下：储存、处理和重新包装(例如仓储或储罐，没有不同的材料组合，也没有可能进行的化学反应)；混合和物理处理(例如结合、配制、破碎、混合、筛选、干燥、蒸馏、吸收或加热，不打算进行化学反应)；有意的化学反应(intentional chemistry)(如间歇反应或连续反应)。

与储存反应性化学物质的仓库相比，在进行有意的反应的化工装置中，识别和充分理解所有化学反应性危害所需要付出的努力可能更大。尽管这一概念适用于上面列出的三种一般情况，但由于其复杂性，也需要参考额外的其他资源，例如Barton和Rogers(1997)、CCPS(1995a，1999a)、ESCIS(1993)、Grewer(1994)、HSE(2000)等更全面地阐述了管理有意的化学反应的各个方面。然而，从事有意的化学反应的公司应该发现在这里提出的必要的管理实践是可行的和有益的。

1.2 需要

化学反应性危害涉及历史上一些最严重的工业事故。

① 1976年，发生于意大利塞维索(Seveso)的失控反应导致了几平方英里的土地被二噁英(dioxin)污染。

② 1984年，印度博帕尔(Bhopal)发生甲基异氰酸酯泄漏，导致超过20000人死亡(译者注：原文为2000人，有误)。

③ 2001年，法国图卢兹(Toulouse)附近发生了大规模硝酸铵爆炸，造成30人死亡，2500人受伤。图卢兹市近三分之一的地区遭到破坏，该装置被永久关闭。图1.1显示了爆炸形成的像火山口一样的大坑。

图1.1 法国图卢兹附近爆炸形成的泥坑(路透社提供)

其他关于不受控制的化学反应影响员工和周围公众的事故列于1.3节。这些事故使人们重新认识到不受控制的化学反应可能造成严重伤害和损失。

本概念手册旨在满足对文档的需求，该文档提供了安全管理化学反应性危害所必需的实践细节。虽然它主要是在美国和欧洲的工业和监管领域的背景下提出的，但本书适用于任何在世界范围内存在化学反应性危害的装置。

美国职业安全与健康管理局(U.S. Occupational Safety and Health Administration, OSHA)的《Process Safety Management Standard, 9 CFR 1910.119(过程安全管理标准 29 CFR 1910.119》(OSHA 1992)，就是如何控制化学反应性危害的一个例子。在美国的固定装置中，处理超过阈值数量的一种或多种此类物质需要制定一个“过程安全管理(process safety management, PSM)”计划。本书中的管理实践可以纳入现有的公司PSM项目中，在这些项目中存在化学反应性危害。

其他可能与管理化学反应性危害有关的美国联邦法规包括美国环保署(EPA)发布的《RMP规则(RMP Rule)》(40 CFR第68部分)、《EPCRA》(第311节和第312节)和《RCRA》,以及OSHA 发布的《OSHA危害通讯标准(OSHA Hazard Communication Standard)》(29 CFR 1910.1200)。尽管EPA的《RMP规则》没有明确涵盖化学反应性危害,但《RMP规则》所涵盖的许多化学物质具有显著的反应性特性以及有毒或可燃危险。一般责任条款(general duty clauses)包括在《职业安全与健康法案(OSH Act 1970)》和《Clean Air Act(清洁空气法)》两项立法中,分别涉及提供安全工作场所和防止极危险物质意外释放。EPA(2000)就《清洁空气法》第112(r)(1)条的执行情况提供了指导意见。

在欧洲,《SevesoⅡ指令[96/082/EEC]》适用于处理阈值数量或更高的列出的“危险物质”的装置。在欧洲,SevesoⅡ指令[96/082/EEC],包括一些归类为反应性的化学品。预防计划(prevention program)要求类似于OSHA《PSM标准》。装置运营者须提交安全报告,以证明以下内容得到实施:

① 制定了一份书面的重大事故预防策略,其中包括经营者在重大事故风险控制方面的总体目标和行动原则。

② 实施预防策略的安全管理体系已经实施。策略应该包括组织结构、职责、实践、程序、过程以及用于确定和实施策略的资源。

③ 已查明重大事故隐患。

④ 已采取必要措施防止重大事故发生,并限制其对公众和环境的影响。

⑤ 在与其运营相关的任何装置、存储设施、设备和基础设施的设计、建造、操作和维护中都包含足够的安全性和可靠性,这与企业内部的重大事故危害有关。

⑥ 制定了内部应急预案。

⑦ 提供信息以便在发生重大事故时采取必要措施(例如与外部反应者进行沟通,以便在发生重大事故时作出有效反应)。

此外,必须向主管当局提供足够的信息,以便能够就新活动的选址或现有企业的发展作出决定。

建筑和消防规范涉及反应性化学品的储存数量。《DOT/UN transportation regulations(DOT/UN运输条例)》涵盖了关于散装化学品运输的规定。

本书中的信息适用于许多未被过程安全法规，诸如OSHA《PSM 标准》和《SevesoⅡ指令》等包括的工业方面。许多反应性化学物质没有被列为受管制的材料，而化学反应性危害包括不被认为是高度危险的材料之间的不受控制的化学反应，或者在储存和运输中极少遇到的情况。

1.3 无意或有意的化学事故

本节描述了涉及化学反应性危害的三种一般情况，并对每一种情况都给出了重大事故的例子。附录A介绍了其他案例历史，包括本节涉及的事故的更详细叙述。

前两种一般情况可概括为储存、处理、重新包装，以及混合和物理加工。这些包括没有意向或没有预期发生化学反应的装置，即被认为是异常操作的一部分。因此，如果确实发生了化学反应，就会被认为是“无意的化学反应”。第三个一般情况，可用有意的化学反应来总结，即化学反应是有意和期望发生的，并且正常操作化学反应被控制在安全操作范围内。

1.3.1 存储、处理和重新包装

反应性化学物质和其他物质(如废料和不合格的产品)可以进行安全地管理，即通过正确的标记和设计，在适当的储罐或容器内储存，并且控制条件仍然保持恒定，在既定范围内注意环境保护、存储时间和保质期的限制。在储存过程中不需要化学反应。可能的例外是逐渐的反应，例如降解或聚合。同样，化学物质与其他材料的结合不是储存或重新包装操作的一部分。

然而，只要存在反应性化学物质，就存在一种必须加以控制的化学反应性危害。这是因为在储存过程中会出现各种异常情况，如制冷或温度控制失效、火灾或其他外部加热、污染和容器失效等。下面的事故(EPA 1990)展示了如果反应性化学物质的储存管理不当，会发生什么。

1988年6月17日，雨水漏进了一间位于美国马塞诸塞州斯普林菲尔德(Springfield)用于存化学品的房间。该房间存放着数百个装有游泳池用固体化学品的大型纸箱。雨水与化学品发生了反应，由此产生的爆炸和火灾迫使喷水灭火系统启动，由此更多的水浸泡了剩余的化学品纸箱，使得反应更加剧烈并使火势蔓延。爆炸、火灾和氯气释放持续了三天，超过25000人被迫疏散，275人由于皮肤和呼吸系统受损被送往医院。

1.3.2 混合和物理处理

两种或多种材料之间的相互作用可能具有意想不到的结果，即使它们是有意组合或混合的。与仅存储和处理单个物质相比，混合不同的物质将有更多的机会产生无法预料的化学反应：

① 正在混合的物质不在容器保护范围内(即盖子被移除，物质暴露在环境中)；

② 产生不希望产生的一种或多种物质；

③ 更容易引入污染物；

④ 暴露在空气或水中的可能性；

⑤ 更大的操作错误或不可预期的变化可能产生更严重的后果；

⑥ 对化学反应的认知不够，导致物质可能结合到一起。

接下来的事故(EPA 1997)说明了在混合操作过程中意外发生的化学反应。1995年4月21日，位于美国新泽西州罗迪(Lodi)的NAPP技术公司的某个装置发生爆炸和火灾，造成5人死亡，还有许多人受伤(见图1.2)。公众被迫疏散，现场内外破坏严重。根据EPA和OSHA的联合调查报告，事故的起因是水泄漏到一个搅拌机里，而其中混合着铝粉末、连二亚硫酸钠、碳酸钾和苯甲醛。操作人员注意到有大量热量产生和恶臭的释放，这表示搅拌器中发生了意想不到的化学反应。水使搅拌机中的连二亚硫酸钠分解，产生热量、二氧化硫和额外的水。分解进程一旦开始，就可以自我维持。反应产生的足够的热量使铝粉与其他材料快速反应并产生更多热量。在紧急情况下，操作人员在移除搅拌器内物质时点燃了反应物，导致了严重的后果(CSB 2002a)。

许多物理过程是在没有化学反应的情况下进行的。炼油厂的许多操作只涉及物理过程，例如蒸馏等。其他物理过程包括粉碎、筛选、干燥、吸收、加热、混合、结晶和过滤。接下来的事故导致如图1.2所示的建筑损坏，事故涉及对含有反应性材料的溶液进行物理处理。

1999年2月19日，概念科学公司(Concept Sciences Inc.)位于宾夕法尼亚州汉诺威镇(Hanover Town)的生产装置的一个含有数百磅羟胺的工艺容器爆炸了。当时，员工正在蒸馏羟胺和硫酸钾水溶液，这是该公司新工厂加工的第一批商用产品。蒸馏过程结束后，工艺槽的羟胺与相关管道中物质发生了爆炸性的自反应，最有可能原因是由于羟胺的高浓度和高温。4名概念科学公司的员工和1名相邻公司的经理当场死亡，附近大楼也有2名员工和4名其他人员受伤。在紧急救援过程中，6名消防员和2名警卫受轻伤。爆炸对生产装置造成了严重破坏，对山谷工业园区(Lehigh Valley Industrial Park)的其他建筑造成重大破坏，附近几户人家的窗户玻璃被震碎。

图1.2 物理处理过程的事故影响(Tom Volk/The Morning Call Inc. 1999)

1.3.3 有意的化学反应

每年有成千上万吨的产品和物质通过化学反应安全地生产出来。然而，如果控制不当，预期的反应可能导致重大的损失事故。以下案例是有意的化学过程中的化学反应事故(EPA 1999a)。

1997年9月10日，乔治亚太平洋树脂公司(Georgia–Pacific Resins, Inc.)位于美国俄亥俄州哥伦布(Columbus)的树脂生产装置发生爆炸，造成1名工人死亡，4人受伤。容器破裂爆炸是由失控的反应引起的。正如EPA化学安全案例研究中所详述的那样：在违反标准操作程序的情况下，在所有原料与催化剂同时被装入反应器中后，立即升温。在失控的条件下，产生的热量超过了系统的冷却能力，并且产生的压力不能通过紧急泄压系统排出，从而导致反应器爆炸。

进行化学反应的大多数装置也采用物理处理，例如用于反应产物的纯化或除去溶剂的过程。以下事故(Lees 1996)强调了在非标准操作执行之前彻底审查非标准操作的重要性，包括在加热之前测试残留物和副产品等材料。

1992年9月21日，希克森和韦尔奇(Hickson and Welch)公司位于英国卡斯尔福德(Castleford)的迈斯纳(Meissner)工厂，一座蒸馏釜的人孔喷射出火焰，火焰划穿过了工厂的控制/办公大楼，造成4名工人死亡，1人严重烧伤。火焰还击中了一座更大的四层办公楼，窗户玻璃被震碎，房间着火。这个街区有63个人成功逃脱，仅有一名获救者后来死于吸入烟雾。火焰来自一个工艺容器，用于间歇分离热敏硝基甲苯异构体。这个容器是在进行清理，以清除已经开始积累的污泥。调查认为：在进行清理之前，内部蒸汽盘管的加热导致了残留物的自反应，并释放大量热量，由此产生的失控反应导致释放出的蒸汽燃烧并形成喷射火焰。

1.4 如何使用这本书

本书中的每一章都有特定的目的，不需要依次浏览所有内容。每个章节都将或多或少适用于某个特定的装置或者公司正在着手进行的识别，以减少和管理化学反应性危害。图1.3显示了本书各章之间的相互关系。

第2章介绍了在装置的整个生命周期中对化学反应性危害的管理，并展示了必要的实践。本书中描述的概念可以被合并到现有的管理系统中。

第3章介绍的是一种初步筛选方法，旨在帮助确定装置中是否存在化学反应性危害。它可以用来确定本书中的信息是否全面，或者需要额外的资源来管理已识别出的化学反应性危害。

第4章介绍了在装置的整个生命周期中管理化学反应性危害所必需的实践。

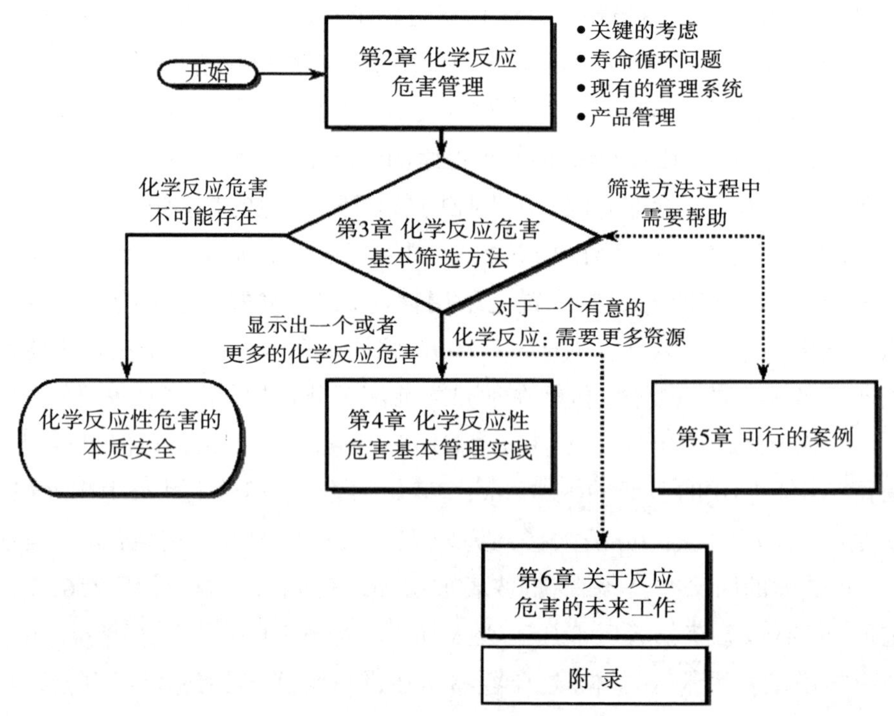

图1.3 本书章节之间的相互关系

第5章通过一些具体例子来说明在任何不同情况下如何使用初步筛选方法。

第6章讨论了未来管理化学反应性危害的方向

术语表定义了与化学反应性危害相关的术语。

参考文献列出了在理解文中的概念和其他内容时可能有用的参考资料。

附录包含了化学反应性事故的历史案例、本质更安全的过程检查列表和CSB关于“改进反应性危害管理”(CSB 2002b)的危险调查报告的执行摘要。

1.5 相关资源

以下出版物侧重于与化学反应性危害有关的基本管理实践。

①《Guidelines for Safe Warehousing of Chemicals(化学品安全储存指南)》(CCPS 1998a)。该书在初步设计或现有设计中提出了解决人员、财产和环境风险的实用方法，这些设计用于制造场所的仓库装置、独立的场外建筑以及严格的化学或多功能仓库。

②《Guidelines for Safe Storage and Handling of Reactive Materials(反应性材料的安全储存和处理指南)》(CCPS 1995b)。该书解释了各种化学反应性危害之间的差异，通过如何识别反应性危害和评估化学反应性事故的严重程度的步骤，总结了工业上储存和处理反应性材料的做法。

③《Guidelines for Chemical Reactivity Evaluation and Application to Process Design(设计和操作安全的化学反应过程)》(HSE 2000)。该书由U.K. Health and Safety Executive出版，用于指导中小型化工企业使用于批处理和半批处理工艺流程。该书涉及化学反应的危险源、本质更安全的过程、危险评估、预防保护措施和管理措施。

④《Chemical Reaction Hazards: A Guide to Safety, 2nd Edition(化学反应性危害：安全指南，第2版)》(Barton和Rogers 1997)。该书由IChemE工作组编制，为正确评估连续和半连续流程化学反应性危害提供依据。该书除了侧重于测试重要反应性参数的测试方法外，它还强调了安全基础的选择和规范，并在附录中给出了100个化学反应性事故的简史。

⑤《Safety of Reactive Chemicals and Pyrotechnics(反应性化学品和的烟火用品安全性)》(Yoshida et al 1995)。该书介绍了反应性化学品的危险特性和适当的处理方法，描述几种测试方法和反应性物质火灾爆炸危险性评价，包括地震等引发事故的影响。

⑥《Rapid Guide to Chemical Incompatibilities(不相容化学品快速指南)》(Pohanish和Green 1997)。该书介绍了被认为具有危险性的化学组合，清单按化学组和反应组的列表排列，包括常见的同义词和外语条目。

⑦《Thermal Hazards of Chemical Reactions(化学反应的热危害)》(Grewer 1994)。该书介绍了与液体、固体物质和混合物，特别是低能量的反应介质反应有关的热危害。该书旨在介绍用于区分危险反应和非危险反应的各种方法。

2 化学反应性危害管理

管理化学反应性危害不是一次性的项目、检查或审计，也不是一个可以搁置而被忽略的书面程序文件。管理化学反应性危害需要持续不断地努力，以保护员工、承包商、客户、公众、环境和财产不受化学反应性事故的潜在后果的影响。

与所有有效的安全管理一样，保证化学反应性安全首先要在整个装置寿命周期内对员工、社区和其他利益相关者作出明确的管理承诺。这要求各级管理部门要明确职责分工，履行每项职责，分配所需的资源，拓展所需的知识，积极地参与、审计装置和操作，调查事故和异常情况，解决审计和调查中出现的问题。

在强调管理化学品反应危害的一些关键因素之后，本章指出了必须在不断变化的环境中持续表达管理承诺，而且必须贯穿设备的整个生命周期。如何管理化学反应性危害并不意味着必须从头开始，化学反应性危害管理的许多基本要素可能已经存在于现有装置内。

2.1 管理化学反应性危害的关键考虑因素

本书的其余部分以及最后引用的许多参考文献将深入探讨制定和实施化学反应性危害管理系统所需的细节。然而，所有的实践都基于四个简单的原则：告知、实施、沟通和验证(或者称为“知道、做、告诉和检查”)。

2.1.1 告知

为了充分管理化学反应的危害，你必须：

① 知道你有潜力应对无法控制的在装置中进行的化学反应。

② 了解这些反应是如何开始的(例如热量、污染、混合、碰撞、摩擦、短路、电火花)。

③ 知道如何识别不受控制的反应发生时间。

④ 知道如果发生这样的反应会有什么后果(例如有毒气体释放、火灾、爆炸)。

⑤ 知道有哪些安全措施(或需要采取哪些措施)可以阻止不受控制的反应发生,包括如何避免这些反应发生(本质上更安全的设计/操作)和如何控制在安全范围内(自动控制、程序等)。

⑥ 知道如何正确应对不受控制的反应发生(包括操作人员行动指南、应急响应预案、社区警报计划等)。

2.1.2 实施

为确保管理制度得到有效执行,你必须:

① 在反应性化学测试、危害分析和从先前事故调查中吸取的经验教训中发现所有必需的行动项目。

② 应用所有基本流程管理实践(如管理变化),以准确评估任何化学反应性可能引入工艺过程的危险。

③ 调查所有与反应有关的事故和小的失误。

2.1.3 沟通

为确保管理制度得到有效执行,你必须:

① 告诉所有受影响的人员与此有关的潜在危险操作(包括正常操作说明、应急程序等)。

② 告诉所有受影响的人员要做什么(例如培训、演习),以免受化学反应性危害的侵害。当一个不受控制的化学反应性危害反应正在发生时,如果不受控制,应告诉所有受影响的人员作出适当反应。

③ 告诉客户、供应商、贸易和技术协会关于化学反应性危害的任何相关信息,包括原材料、中间体和产品。

④ 告诉应急响应人员和其他可能受影响的人(包括工业和住宅邻居)如果发生化学反应事故,他们应如何应对。

2.1.4 验证

为确保管理系统正常运作，你必须经常：

① 检查所有关于化学反应性危害的新信息是否被纳入当前的操作实践中。

② 检查危害分析、事故调查和其他发现过程中的所有项目是否已正确实施和记录。

③ 检查所有通信协议是否按照预期使用。

④ 检查所有关键人员(包括装置主管)是否完全理解化学反应性危害，包括场景、防线和应急方案，以减轻无法控制的反应的后果。

2.2 生命周期问题

工艺过程和装置将经历不同的发展阶段。这些发展阶段被称为生命周期(life cycle)(Bollinger et al 1996)。典型的生命周期阶段包括以下几方面：

① 最初的概念/实验室研究；

② 过程开发、小规模或试验性的工厂操作；

③ 全面的工程设计和装置建设；

④ 全面启动和运行，包括停工和维护活动；

⑤ 改造和扩展；

⑥ 封存/退役和拆除。

并非所有化工装置的建设都包括上述工艺过程的每一个阶段。例如，有的在合同进行阶段，工艺已经有了新进展。在装置建设和启动阶段仅仅需要改造现有装置和重新培训现有员工，其他针对外包制造业务的问题在相关文献(CCPS 2000)中提出。

以下内容重点介绍了在主要生命周期阶段管理化学反应性危害的一些最重要的影响，各阶段之间存在一些重叠。本讨论揭示了在装置生命周期的不同阶段，化学反应性危害管理的要素将更为重要或普遍。更多的具体管理实践的详细解释和案例参见第4章。

2.2.1 概念和发展阶段：识别、记录和减少危险

一个工艺装置生命周期概念和早期发展阶段，或其他类型的操作的早期决策阶段。工艺装置生命周期的概念和早期开发阶段，或其他类型操作(如仓

储)的等效早期决策阶段，在很大程度上决定化学反应性危害的性质和需要控制(从开工到停工过程)的规模。

例如，一项决定可以使用高度反应性原料的工艺设计，要基于实验室对该材料的配方步骤的成功研究。为了安全卸载和储存高反应性材料，要在整个超过30年的设备使用期内始终有可靠的保障措施。

基于该原因，近年来人们的注意力一直集中本质更安全的技术(Bollinger et al 1996)。与其选择接收和储存一种具有高反应性的原料，不如使用一种在配方或合成链中危险程度较低的物质。或者，可以决定按需生成高反应性材料，并基本上取消材料的所有储存和处理步骤。这些只是本质上更安全的方法的两个例子。

在装置设计中，本质安全(inherently safer)方法的本质是避免危险，而不是通过额外附加的保护设备来控制风险(Kletz 1998)。它特别强调在可行的情况下消除大量危险材料的库存。

除了降低总体风险之外，这种方法还可以有许多安全、经济和附加效益，比如：减少重大事故和伤亡的可能性；不太严格的选址要求；不太繁重的监管要求；降低设备成本；减少工程和行政控制的需求；降低检查、测试和维护成本；减少安全、健康和环境管理工作所需的人力；减少与邻近人群发生纠纷；不那么严格的保护和响应设备要求；降低危险废物和泄漏清理的难度；降低保险费。

这些好处可以在一个企业的整个生命周期中实现。与完全改造现有装置相比，选择和实施本质上更安全的选项，通常在新工艺流程的概念和开发阶段的成本更低且更可行。

然而，本质安全的选择带来的许多好处往往是难以量化的，本质安全的效益在长期运行后才能显现。如果做不到本质安全，装置必须权衡可能带来的潜在经济损失或不确定性。此外，一些局部降低风险的方法实际上通过不恰当地增加降低严重性的可能性，或者通过将操作转移到另一个低于标准的风险管理程序不合格的装置来增加总体风险。

在努力减少化学反应性危害之前，必须认识到其危害性。一旦决定了可以处理什么材料，或者正在考虑具体的替代方案，就要开始收集材料安全数据

(4.2节)和识别化学反应性危害(4.3节)。筛查试验(4.4节)也可能在开发过程的早期进行，以识别和量化可能潜在的危险。此时，可以开始收集整理，并将这些信息放入化学反应性危害文档包(documentation package)中。在该装置投入使用之前，该文档包将完整地说明其可能产生的无意和有意的化学反应。该文档包更详细的说明将在第4章中介绍。该文档包构成了信息库的一部分，据此可以制定安全措施来控制化学反应性危害。

以下是本质安全过程一个例子——异氰酸甲酯(MIC)按需生产。一家公司此前接收并储存高活性和高毒性的MIC作为生产农业化学产品的原料，MIC以液体形式储存在容器中。该公司对工艺进行了改进，以便根据需要以蒸气形式产生MIC，并直接输送到消耗它的这样过程。“生产”与“消费”之间建立起的传输线使MIC平均库存从几千磅减少到2lb(1lb≈0.454kg，下同)，中断生产的可能性(如果在产生MIC的过程中出现问题)被认为远远低于安全风险的降低。

在新装置或新工艺的开发过程中或首次将新工艺流程引入现有设备时，可以引入本质安全审查(inherent safety review)，了解化学反应性危害并探索减少危害的替代方案。这项审查不局限于化学反应性危害，它可以同时用审查其他所有类型过程危险，包括可燃性/可燃性、灰尘或雾的爆炸性、压力或温度升高或降低、相位差，以及对健康危害(如毒性、腐蚀性和窒息风险)。

以下是在新装置建设阶段典型的本质安全审查步骤：

① 审查计划的过程中需要控制的化学反应性危害(其他危害)的已知情况，现有的知识水平可能来自于过去的经验、供应商、文献、事故报告等。

② 根据化学反应性危害的知识水平，确定是否需要对反应性危害进行额外的筛查。拥有活性官能团可能表明需要进行文献检索、访问数据库或采用差分扫描量热法进行各种形式的分析。

③ 讨论可能的过程选择及其相关危害，包括讨论诸如替代溶剂和可能要避免的不相溶等问题。

④ 用“头脑风暴”来讨论减少危险的可能方法(例如附录B中的清单，可以作为辅助头脑风暴的过程)。

⑤ 就需要解决的重大未知因素达成共识。

⑥ 记录参与者、范围、方法和决策。

⑦ 分配后续项目任务，有责任分工、目标完成日期，以及一个停止项目的机制(比如在几周时间内重新召开)。

本质安全审查应该由一个多学科团队进行。对于新设计来说，自身的安全审查是一个极好的选择，开始需要那些处理化学反应性危害的相关装置负责人参与进来(4.1节)。

对现有的装置，操作和维护人员还应参与自身安全审查。较小的团队可能会适用于仓库等装置。在任何情况下，审查小组必须包括一位或多位拥有该装置背景和经验的人员，以识别和了解化学反应性危害和如何导致不受控制的化学反应发生的。在这方面，可能需要咨询外部专家。

2.2.2 工艺放大和工程设计：评估风险并构建安全措施

既然要对新装置中将要遇到的材料和条件作出最后决定，可以通过下列方法编制量化的危险数据：必要时进行测试(4.4节)，需要评估风险并识别过程控制和风险管理(4.5节和4.6节)。在这一点上，一些化学反应性测试可能已经用于识别和减少危险。发现或开发的新数据将添加到概念和开发阶段初始的文档包中。

寻找以前未被发现的化学反应性危害和安全措施不足的地方是始终贯穿产品/工厂生命周期的。化学反应性危害和风险管理决策需要充分记录(4.7节)，这是化学反应性危害沟通和培训的基础(4.8节)，在化学反应性危害引入装置之前，应全部完成。

关键的放大问题：系统反应中的热量是与体积成正比的，而移除热是与面积成正比的。在工艺放大过程中，如果不充分考虑传热、搅拌、紧急泄放，那么可能会导致灾难性的事故。

2.2.3 开工/满负荷操作：维持控制和总结经验

对一些装置来说，满负荷操作意味着可能只对化学品进行储存或者使用，或者对固体或者液体材料进行间歇混合。无论操作的规模或复杂程度如何，危害管理都需要持续跟进并保持警惕，以便在装置的整个使用周期内识别以前不能识别的危险，并在任何时候都能控制所有的化学反应性危害。

危害管理还应该包括对异常情况和维护要求高度敏感，以及从事故和类似失误中总结所有经验。这些可能包括以前未知的危险、早期的故障条件或者管理系统故障。通过参与公司或行业内的有效网络可以获得更大的收益，而该网络分享从事故发生和事故未遂中吸取的经验教训。4.9节概述了调查化学反应性事故所涉及的主要内容。

2.2.4 改造和扩能：控制变化

在任何进行的操作中，变化是不可避免的。可能会对涉及的设备、装置、化学品和许多规程作出改变。人员和组织随着时间改变而改变，原材料和产品规格也可能随着不同的供应商、客户或者新的质量要求而略有变化，发生磨损、变质等变化会导致设备维修或者更换。如果安全运行的基础是初始的工艺设计、操作规程和设备维护方法，那么这些变化还可能会引入新的化学反应性危害或者扩大现有危险。即使是微小的变化也能显著地影响化学反应过程的危险程度。变更管理必须保持及时更新，并保证设计基础记录是最新的，以防止本质安全受损，或者又产生了新的危险(Boiling et al 1996，有关文档问题请参见4.7节)。这一过程需要进行审查和审计，以确保系统的完整性得到维护，建立管理实践得到定期观察并寻求持续改进(4.10节)。

当组织首次考虑改造和扩能时，在概念和开发阶段存在许多相同的机会，以使装置本身更安全。采用新的知识或技术，会使装置运行的危险更小，库存更低，操作条件(更低的温度或压力)更温和。在装置工艺或设备变更管理系统中应建立适当的内部审查级别，以促使负责提出或者变更的人考虑本质更安全的替代方案。一个本质更安全的过程审查表(见附录B)可能在这方面有帮助。

在处理化学反应性危害时，通常更难评估将要改变的指标的安全意义，这可能需要获得新的测试数据，需要咨询专家。在工艺数量、速率或条件的变化，尤其是温度变化或者引入新的改性材料时，必须加以仔细审查。

2.2.5 防腐和停运：记住保质期

在一段不太确定的时间或者可能情况下，不管是无限期关闭一座工艺装置，还是永久关闭一座工艺装置，都可能引入化学反应性危害管理。例如，一座装置想要拆除一些设备，以便使乙醚成为原料。对装置记录的审查不能确定设备在关闭前是否被彻底地吹扫干净，这使得设备在打开时可能含有爆炸性过氧化物。这可能是随着时间的推移，乙醚发生过氧化形成的。在另一个实例中，当从处理单元移除的管道被切割成较小的碎片进行处置时，不稳定的副产物爆炸。

处置退役的处理单元的原则应该包括考虑对化学反应性危害进行管理，例如确定设备运行期间是否有不稳定残留物的积累。对设备污染进行彻底的清除是必要的。残余的材料不应留在容器内或者在管道低点。完整的设备封存状态文件必须保留，以供以后最终可能重新启动或拆除该装置的人员使用。当设备由临时关闭转变为永久关闭时，应该进行化学反应性危害评估(4.5节)。

在计划维护周期时，上述问题也同样应进行考虑。在希克森和韦尔奇(Hickson and Welch)公司的工厂发生的事故(附录A进行了详细的描述)，生动地提醒我们必须知道存在哪些反应性危害，并据此进行计划和采取行动。

2.3 现有的管理系统

许多装置中存在化学反应性危害，化学反应性危害管理已经在一定程度上进行了实践。许多包括化学反应性危害管理的活动可能以不同的名称命名，也可能是其他现场流程图的一部分。例如，所有的原材料都可以进行质量保证/质量控制的取样和测试。这也可以作为一种安全防护措施，避免将受污染或不互溶的物质卸载到原材料储存罐中。如果你将本书中的信息与现有的装置或管理系统相关联，那么这些当前的实践可以构建安全提供良好的基础。

表2.1列出了管理化学反应性危害的基本要素，如4.1~4.10节所述。

它们被映射到其他三种更广泛的过程安全和风险管理系统中的类似元素：

① CCPS描述的元素(CCPS 1989)；

② 预防项目的要素与美国两个常规要求相同：OSHA的PSM标准(29 CFR 1910.119)和EPA的RMP规则(40 CFR第68部分)》的3个预防项目要求；

③ SevesoⅡ指令[96/082/EEC]附件3所列的安全管理系统要解决的问题。

化学反应性危害管理系统的文件将需要包括它如何与其他监管要素相联系。

简单地看一下表2.1就会发现，管理化学反应性危害的基本方法主要倾向于识别和评估化学反应性危害。这是由于与其他更容易识别的过程危险(如毒性和可燃性)相比，许多化学反应性危害性质不太明显。美国化学安全和危害调查委员会(U.S. Chemical Safety and Hazard Investigation Board, CSB)完成的化学反应性危害调查支持这一重点。CSB发现，在可获得因果信息的情况下，60%以上的化学反应事件是由于不能正确识别危害或过程危害评估不充分(CSB 2002b)。

表2.1 危害管理的"要素地图"

化学反应性危害管理①	CCPS元素	OSHA的PSM标准和EPA的RMP规则	SevesoⅡ指令
2.2 生命周期问题	管理变化	管理变化	管理变化
2.4 产品管理	改进过程安全知识的管理		
4.1 开发化学反应性危害的管理系统	管理系统	管理系统	安全管理系统
4.2 收集反应性危害信息	过程知识和文件	过程安全信息	主要危害识别
4.3 识别化学反应性危害	过程危害管理	过程危害分析	主要危害识别
4.4 化学反应测试	过程知识和文件	过程安全信息	主要危害识别
4.5 评估化学反应性危害	过程危害管理	过程危害分析	主要危害评估
4.6 识别过程控制和危害管理选项	过程危害管理	过程危害分析	操作控制
4.7 记录化学反应性危害和管理选择	过程知识、记录；过程安全管理	过程安全信息；过程危害分析；操作程序	操作控制
4.8 化学反应性危害的沟通和培训	培训和程序；过程危害管理	承包商培训	组织和个人
4.9 调查化学反应性事故	事故调查	事故调查	监测程序
4.10 审查、审计、管理变化、改善危害管理实践和程序	审计和纠正行为；变化管理；改善过程安全的知识	合规审计；变化管理	审查和审计；变化管理

① 序号为本书的节号。

除了表2.1中列出的内容之外，管理过程全面系统危险还应该包含其他要素。因此，表2.2列出了CCPS、OSHA/EPA和SevesoⅡ项目中没有在本书中明确说明的要素。这并不意味着其他要素不重要。例如，所有处理危险材料和能源的装置都应采取紧急措施规划；当需要遏制和控制系统时，建立和维护过程和设备的完整性对于预防事故至关重要。

表2.2 其他未强调解释的管理要素

CCPS元素	OSHA的PSM标准和EPA的RMP规则	SevesoⅡ指令
资本项目过程安全审查程序	员工期望	应急计划
工艺和设备完整性	开工前的安全检查	
人为因素	机械完备性	
公司标准、规范、规则	热工作许可证	
	应急响应计划	
	商业秘密	

2.3.1 新的管理系统

如果没有管理系统，显然需要开发一个。表4.1的“差距分析(gap analysis)”和管理要点的清单可以作为在组织发展过程中沟通组织内部共同期望的辅助工具。

在向装置引入化学反应性危害之前，新的管理系统必须到位并发挥作用。将管理系统的开发工作在启动后临时完成，就等于预先告知生产优先于化学反应性危害的管理。

2.3.2 现有的管理系统

如果已经建立了适当的管理系统，则没有必要创建一个单独的系统来管理化学反应性危害。所有管理系统要件(见表4.1)也适用于其他过程危害的管理，如处理有毒或易燃材料。大多数也适用于其他基本实践，例如环境管理，职业安全和工业卫生。

管理系统也可用于与环境、安全和健康无关的活动，例如ISO认证和客户验收。同样，化学反应性危害的管理不应与其他管理系统分开，这可以利用信息技术和通信手段等已被证明在特定组织内有效的方法。

一个管理领域的许多问题必然会影响其他领域的性能。例如，一项本质安全审查可能会提出一种化学反应的改变，这将使化学反应的危险降低，也许是通过消除一种反应性的中间产物来实现的。此类更改必须符合产品质量要求，并且客户可能需要包含在更改为本质上更安全的替代方案的过程中。管理团队各部分之间的有效沟通将避免许多问题，并有助于确定什么是最有效的。

如前所述，在寻求有效管理化学反应性危害时，大多数装置不需要从零开始。危害管理系统的组成部分，如应急计划或培训程序，可能已经到位，可能只需要验证这些要素是否解决了化学反应性危害。根据第4章所述，它们可以建立在管理化学反应性危害的所有其他基本方面。

表2.3给出了一种方法，使现有装置能够开始成功地管理化学反应性危害。这假定你已经对管理系统必须处理的化学反应性危害有了一个概念，例如回答了第3章中的“初步筛选方法”中的相关问题。

新的举措、计划和重点很少孤立地开始。以某种形式存在的管理结构很可能已经存在，这些资源可帮助实施和整合一个危害管理系统(CCPS 1994, 1997)。

表2.3 开工前的策略

1	确定已经准备好来管理化学反应性危害
2	将实践与第4章的基本实践方法进行比较
3	找到不足
4	制定并实施一个行动计划来填补空白
5	跟踪和改进任何工作不顺利的地方

2.4 产品管理

如果你的产品本身或与其他材料混合可能造成化学反应性危害，那么良好的产品管理则包括向客户和用户提供与安全相关的信息。产品管理的其他方面，其中一些也适用于化学反应性危害管理，这在美国化学理事会的《Product Stewardship Responsible Care Code(产品管理责任注意守则)》(ACC 2001)中进行了概述。

要记住的目标是将安全信息传递给需要了解的人。可以用来传达这一信息的机制包括：容器标签、材料安全数据表、销售说明书、应用表格、技术说明书、处理和存储相关的建议(例如建筑材料)、培训、技术服务、公司网站或内部网。

此外，如果获得有关产品或危险品的新信息或测试数据，请确保通过更新“材料安全数据表(MSDSs)”和产品信息将这些信息传递给客户。

作为产品管理的一部分，还可以与客户和用户共享更广泛的行业问题，例如，新识别的危险品以及从未遂事故和实际事故中获得的经验。除个别公司计划外，贸易、专业人员和其他合作组织[如大学和地方应急计划委员会(LEPC)]可以成为信息共享的有效工具。

3 化学反应性危害初步筛选方法

本章中的信息以一系列问题的形式呈现。它们旨在帮助快速确定化学反应性危险品是否存在于装置中。如果化学反应性危害被识别出来，那么就会用到第4章中关于管理危害的基本实践。它还旨在表明本书中提出的基本实践是否足以管理化学反应性危害，或者是否需要额外的资源。

像表3.1这样的表格可以用来记录筛查问题的答案和得出的结论。

图3.1概述了如何连接这些问题，以确定装置是否存在化学反应性危害。

你可能会发现第5章中的工作示例有助于了解如何使用初步筛选方法，以及在一些典型情况下如何记录结果。本章的其余部分依次说明了筛选方法中的12个问题，并给出了示例和其他注意事项。这12个问题的结构与图3.1一致，是使用筛选方法来确定装置是否存在任何化学反应性危害。但是，如表3.1所示的问题和表格也可以用来记录这种初步筛选方法所指出的所有一般类型的化学反应性危害。如果存在不止一个的化学反应性危害，第4章中给出了关于识别所有化学反应性危害的更详细的指导，这是管理化学反应性危害的基本方法之一。

这种筛选方法可以被一个人或一群人使用。包括几个拥有不同知识背景的人的团队用法，可能更适用于识别和评估潜在的化学反应性危害。

不管涉及多少人，应确保能获得外界信息，并在必要时候利用外部资源理解和回答每一个相关问题。很明显，在这方面特别需要有化学知识的人。

表3.1 化学反应性危害的文件筛选实例表格

装置：	完成日期：	
完成人：	批准：	
下列问题的答案显示化学反应性危害存在吗①		
在这个装置里：	是、否或其他	回答依据或评价
1 是否实施有意的化学反应		
2 是否存在不同物质的混合或结合		
3 装置是否存在其他物理过程		
4 装置是否存在任何危险物质被存储或者处理		
5 化学品在空气中燃烧是否是唯一的化学反应		
6 混合过程或物理过程中是否存在热量释放过程		
7 是否存在可自燃的物质		
8 是否存在可生成过氧化物的物质		
9 是否存在具有水反应性的物质		
10 是否存在氧化剂		
11 是否存在可发生自反应的物质		
12 根据下面的分析，不相容的物质接触是否会导致不希望的后果		

场景	条件正常吗②	“R”，“NR”，或“？”③	信息来源或评价
1			
2			
3			

① 使用图3.1以及问题1~12的答案来确定答案是“是”还是“否”。

② 在室温、大气压强、氧含量为21%和无约束条件下，接触混合是否发生？如果不是，不要假设发布了适用于环境条件的数据。

③ “R”是指在规定的方案和条件下具有反应性(不相容)；“NR”是指在规定的方案和条件下不具有反应性(相容)；“？”是指未知，假设在获得更多信息之前不相容。

【问题1：预期化学反应】

要解决的第一个问题是：装置是否实施有意的化学反应(见图3.2)。有意的化学反应是指对物质进行处理，使得化学反应发生。如果是这样的话，那么产品的化学成分与原料不同。

如果你对问题1的回答是肯定的，那么从本章3.1节开始。如果你的回答肯定是否定的，那就继续回答问题2。如果你不确定是否需要进行化学反应，你需要进一步研究以确定这个问题的答案。下列信息也是有用的。

3 化学反应性危害初步筛选方法

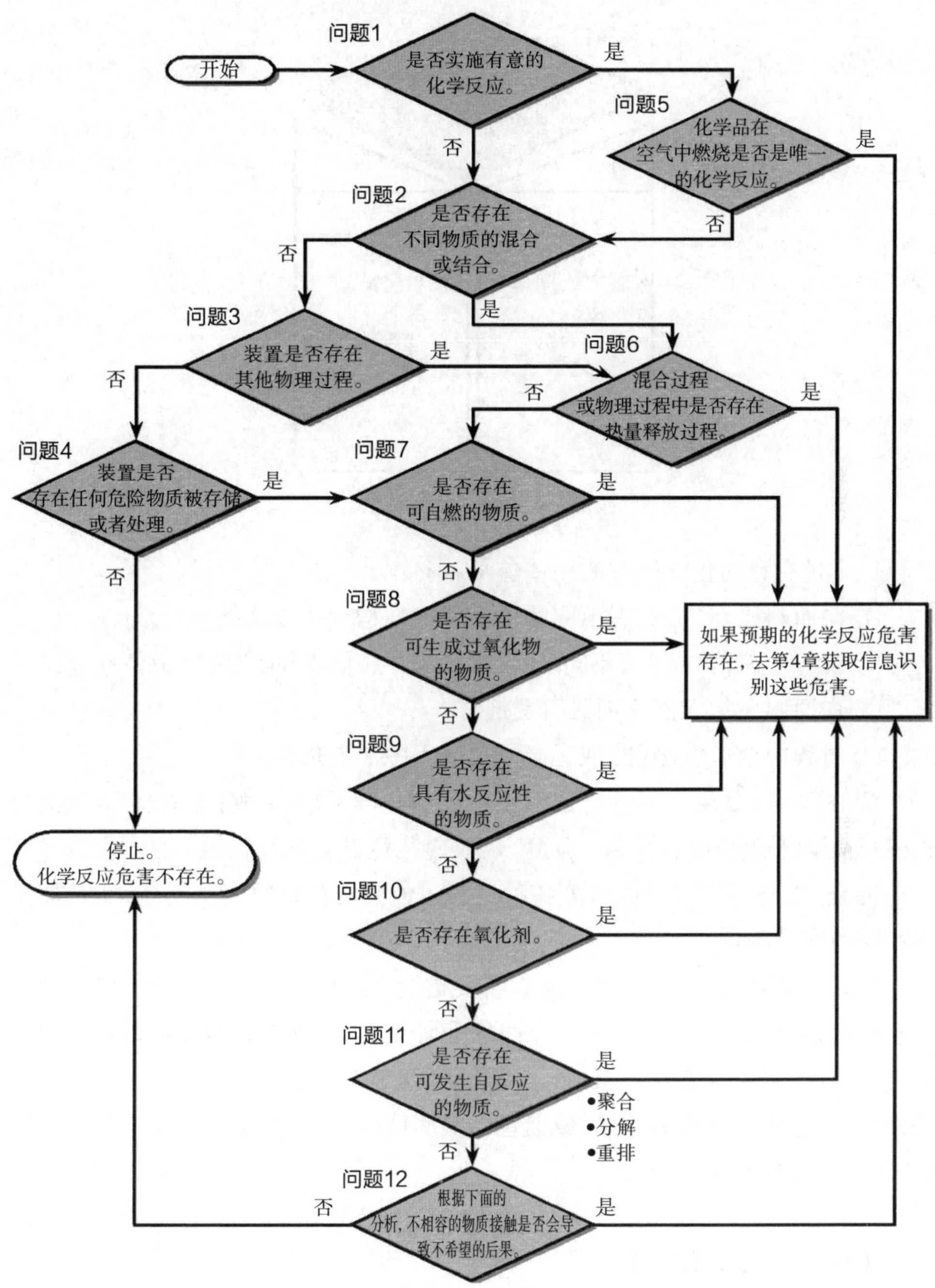

图3.1 化学反应性危害初步筛选的总流程图

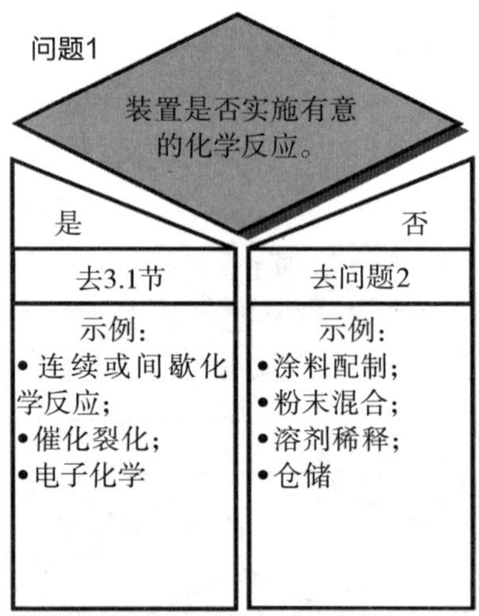

图3.2 问题1及其流程

以下是有意的化学反应的一些迹象执行:

① 与原料比，产品具有不同的化学式或结构或化学文摘号(CAS#)。

② 放出气态产物或形成不同于起始混合物中任何成分或溶剂的固体残余物。

③ 向原料中加入催化剂或引发剂。

④ 过程中会产生热量，或者必须向过程中加入热量。

请注意，热效应并不一定表示正在发生化学反应。一些物理过程(如混合或稀释)可以产生或吸收热量。当然，热效应往往是化学反应过程的结果。

混合、溶解、蒸馏或提取等各种过程可能涉及有意的化学反应，也可能是纯粹的物理过程。

如果还不确定装置是否涉及或将要涉及有意的化学反应，应该咨询化学专家或其他专家。在管理化学反应性危害研究中，一种临界情况应被视为有意的化学反应，即水合作用(hydration)。例如，无水硫酸铜是白色固体，分子式为$CuSO_4$。当它从水中结晶时，生成蓝色结晶固体$CuSO_4 \cdot 5H_2O$，水分子是晶体的重要组成部分(Parker 1997)。

【问题2：混合/结合】

下一个要解决的问题是：装置是否存在不同物质的混合或结合。(见图

3.3)。这可能是一个大规模配制过程，也可能单纯是物质溶解在水中的过程。如果你对问题2的回答是肯定的，那么从本章第3.2节开始。如果你的答案是否定的，那么进入问题3。如果你不确定是混合还是不同的物质在装置中相结合，在回答这个问题之前，你需要确定一个明确的答案。这可能涉及系统地审查装置的操作和程序，与操作人员和维护人员进行交谈，并与管理层讨论未来的可以预见的活动。

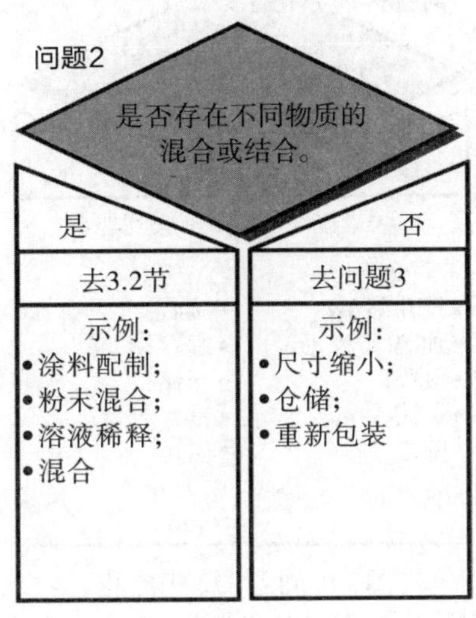

图3.3 问题2及其流程

可能遇到的一种情况是混合或结合的物质不是预期的，而是可能不时发生的，也许是未经授权或未经监督的活动。这种情况可能包括将排水管疏通剂、清洁剂或农产品组合在一起，因为一种产品似乎不起作用的时候，试图制造一种强效的药剂。这种情况还包括原先分别进行的步骤因各种原因而组合在一起的情况，有的是为了提高效率或生产力。在这些情况下，可能需要根据过去发生的事情和工人可接触到的物质来判断和评估在用装置的寿命，合理预期会发生什么。操作时要考虑的另一个因素是装置的操作规程。如果始终严格执行禁止未经授权材料和溶液组合的规则，那么此处需要考虑的内容可能与不存在规则或监督更加宽松的情况不同。坚持严格管理变化程序应有助于避免这些问题。

【问题3：其他物理过程】

第三个要解决的问题是：装置是否存在其他物理过程(见图3.4)。物理加工是指任何对物质状态的“修改”，使所得到的产品与原材料相比，没有发生化学变化，仅仅有物理形态变化。图3.4给出了一些例子。材料的转移、处理、储存和重新包装都不是物理加工。

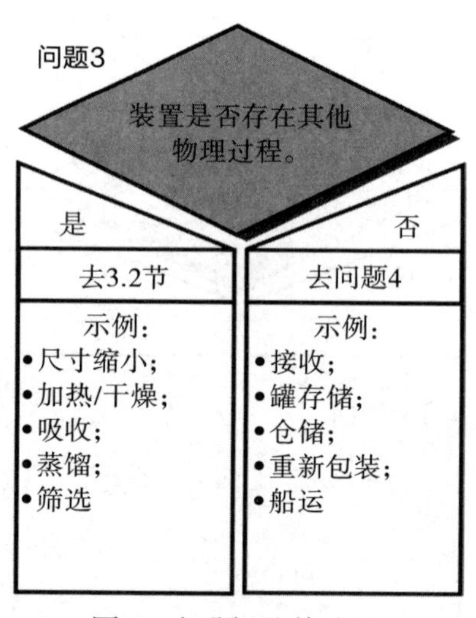

图3.4 问题3及其流程

如果你对问题3的回答是肯定的，那么从本章3.2节开始。如果你的回答肯定是否定的，那就进入问题4。如果你不确定是否需要进行物理处理，或者是否会发生，那么你需要在你进入下一步之前确定这个问题的答案。如前所述，这可能涉及系统地审查装置的操作和程序，与操作人员和维护人员进行交谈，并与管理层讨论未来可以预见的活动。

【问题4：危险物质】

要解决的第四个问题是：装置中是否储存或处理任何危险材料或危险货物(见图3.5)。这将包括需要参考“材料安全数据表(material safety data sheets，MSDSs)”的材料。在美国，对于每一种对健康或对身体构成危害的化学物质，都需要使用MSDSs。《OSHA危害通告标准(OSHA Hazard Communication

Standard)》(OSHA 1994)将“物质危险(physical hazard)”定义为：科学上有效证据表明它是可燃液体、压缩气体、有机过氧化物、氧化剂，或具有易爆、易燃、自燃、不稳定(反应)性或水反应性的化合物或化合物混合物。本书的“术语表”中给出了大多数术语的定义。

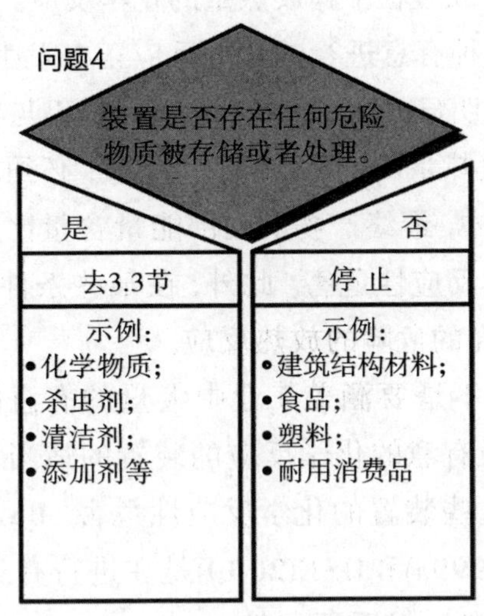

图3.5 问题4及其流程

需要指出的是，MSDSs不是在使用所有化学中间体和副产品的过程中所必需的。除了原材料和产品之外，还应该考虑这些因素：在较高的温度或压力下的储存、处理或者加工物质或混合物可能引发不受控制的反应，而这种反应在当时环境温度和压力的条件下显然是不会发生的。

“危险品(dangerous goods)”是根据推荐的国际危险品运输法规定义的。有关运输危险品更详细的信息，请参阅联合国发布的“橙皮书(orange book)”(UN 2002)。

如果你对问题4的回答明显是肯定的，或者你不确定这个问题的答案，那么从本章3.3节开始。对于大多数制造业装置和工业仓储设施来说，问题4的答案是肯定的。如果你的答案是否定的，那么你的装置不太可能有任何化学反应性危害，而且不应该设有一套管理化学反应性危害的系统。3.3节的资料可以作为进一步审查方案，以证实这一结论。

3.1 有意的化学反应

本节所提供的信息仅适用于在装置中进行“有意的化学反应(intentional chemistry)”的情况。如前所述，有意的化学反应是指加工有意进行化学反应的物质，而产品的化学成分与原材料不同。

放热反应是指在形成过程中释放热量的化学反应。在正常的操作过程中，发生放热反应通常是某种有意进行的化学反应正在发生的标志。

吸热反应可能没有明显的化学反应性活性，但仍与化学反应性危害相关。吸热意味着反应是吸收热量的，即为了继续反应，必须增加热量。由于能量被“吸入”吸热反应系统中，最终产物的内部能量含量比起始物料要大，所以产品本身可能会造成化学反应性危害。此外，在某些条件下，吸热反应可能是可逆的，因此可能导致潜在的危险的放热反应。

注：本书的目的并不是要涵盖工业中大量的有意的化学反应。虽然第4章的基本做法是对涉及有意的化学反应的装置的适当考虑，但可能需要更多的资源来查明和控制这些装置的化学反应性危害。Barton和Rogers(1997)、CCPS(1995a，1998b，1999a)和HSE(2000)是在进行有意的化学反应方面的实践或被考虑时应该参考的一些重要文献。

许多不同的损失事故都可能与有意的化学反应有关。所有这些事故都涉及有意的化学反应失去控制，引发另一个反应、副反应或一系列非预期的反应。使用“危害和可操作性(HAZOP)”研究或其他适当的方法进行过程危害分析，可系统地识别和评估全部损失事故场景。不受控制的反应的一般原因包括但不限于以下因素：建筑材料使用不当；在将物料引入容器或反应器之前，没有有效进行清洗或净化；错误使用或添加物料；添加的物料太多；添加的物料太少或没有添加物料；添加物料的顺序错误；物料添加太快；物料添加太慢；物料被污染；添加过量的催化剂或促进剂；催化剂用量不足或没有添加催化剂；添加了错误的催化剂；催化剂添加延迟；加热延迟；冷却/制冷损失；加入热量；热量损失；来料太冷；来料太热；真空下漏入空气；传热流体泄漏；搅拌不足或没有搅拌；搅拌延迟；搅拌过量；液位控制失效；容器过满；pH值控制失效；抑制剂添加不足；过量添加抑制剂；抑制剂冻结；输送泵堵塞；排气口堵塞或未打开；排气口产生压力；废气集管污染；压力容器污染；物料在反应器中转移得太快；物料转移到错误的位置；异常的能量输入，如放电、摩擦或其他影响。

在设计、操作和维持有意的化学反应时，要考虑如下的一些关键因素，而这些因素可以对化学反应事故发生的可能性或事故后果的严重程度产生重大影响：反应系统的能量含量；有意的和无意的反应的速率和活化能；实际操作温度与启动不受控制的反应温度之间的安全裕度；相对于不受控制的反应开始的温度的稀释剂沸点；阀门和仪表的故障安全设计，包括整个冷却或加热回路；产品更换频率；所有来料的质量控制；反应混合物的黏度；冻凝的可能性；操作程序；反应物、溶剂、稀释剂、中间体和产品的热稳定性；无处不在的污染物(油、铁锈、空气、水等)的反应性；操作人员的培训和经验；计量、搅拌和传热系统的可靠性；基本流程控制系统的完整性；安全仪表系统的可靠性；最后安全系统的有效性(倾倒、淬火、停止失控反应)；紧急救援系统的选择和规模；防止外部火灾和其他热源；防爆墙、路障、防爆面板；原材料和正常/异常反应产品的毒性、腐蚀性或可燃性；有关人员、公共装置和其他装置的设备选址；有关特殊工艺和设备的公司经验和行业经验。

【问题5：空气中的燃烧】

如果有意的化学反应被实施，那么化学反应性危害就可能存在于你的装置中(见图3.6)。但是，存在一些有意的且基本上是与空气完全反应的燃烧，例如在燃气加热器中燃烧丙烷。普通可燃材料的燃烧已被排除在化学反应性危害的定义之外，并在其他地方得到了恰当的处理。如果问题5的答案是肯定的，那么关于有意的化学反应的其余部分就不需要进一步考虑了，应该在本章开头继续讨论问题2。

请注意，涉及部分氧化的过程，诸如将乙烯转化为环氧乙烷，可能会造成与上述燃烧系统不同的危险。因此，涉及氧化的工艺应该回答第5个问题。

如果有意的化学反应在你的装置中进行，而问题5的答案是否定的，那么化学反应性危害是可以预料的。如前所述，这本书的目的并不是要涵盖在工厂中正在进行的所有有意的化学反应的复杂性。

第4章中的基本实践涉及进行有意的化学反应的装置的适当考虑。但是，可能需要更多的资源在这些装置中识别和控制化学反应性危害。进行有意的化学反应的化工装置在本质上更安全(2.2节)的机会往往是可能的,并且应该在以下情况下加以追求。

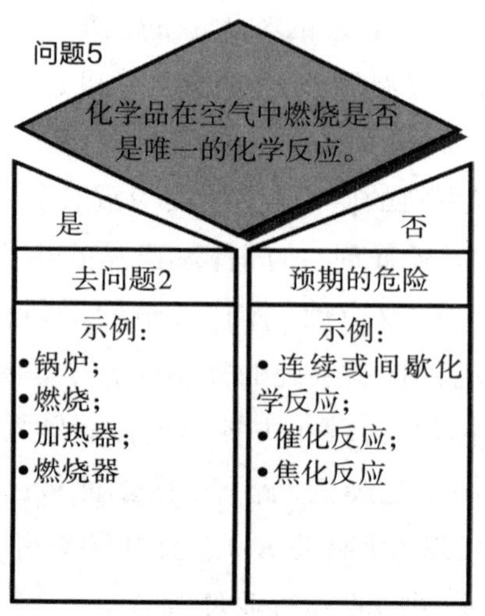

图3.6 问题5及其流程

3.2 混合和物理处理

本节内容适用于将不同物质有意进行混合或结合在一起的装置。它适用于有意进行物理加工(加热、过滤、吸收、粉碎、筛选、干燥、蒸馏等)的装置,但作为操作的一部分,没有有意的或预期的化学反应发生。该操作的最终产品可能是一种或多种物质、溶液或混合物,它们可能具有不同的物理特性(外观、相态、黏度等),但最终所含的化学物质是相同的。

【问题6:发热】

需要考虑的一个重要问题是:物质的混合或物理加工过程是否会产生热量(例如,混合物在混合后会变暖或变热,或者如果失去冷却时会变暖或者变热)(见图3.7)。热可以由溶解热、吸附热、机械能或其他物理热效应产生。注意,这与在混合或物理加工操作(如通过外部蒸汽加热)中添加热量不同,上面的问题3讨论了这种情况。然而,重新认识到物理条件的变化可能导致反应性的变化，这样，在某一温度下，表面上没有反应的材料或混合物在另一种温度下就会发生危险的反应。

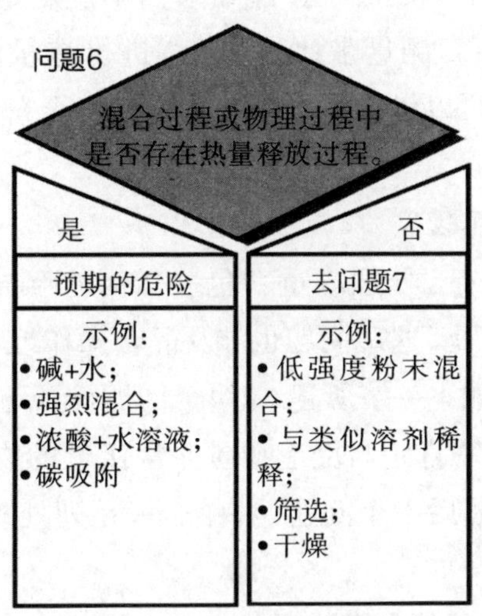

图3.7 问题6及其流程

不正常的情况可能会发生，比如产生过多的热量(或者冷却太少)，一种物质或混合物会变得比原来更热。因此，一种意想不到的化学反应可能在较高的温度下发生，并产生更多热量，生成有毒或易燃气体，或者具有爆炸性。非化学的方式可能会增加产生二次无意的反应的热量。附录A中的莫顿国际公司(Morton International)案例给出了这种情况的一个例子。额外的加热也可能导致容器或反应器由于液体沸腾或在容器内加热气体而被过度加压。

与产生热量的混合或物理处理操作有关的不可控反应的可能原因包括以下异常事故：清洗或净化不足；添加了太多的物料；添加的稀释剂太少或没有；添加的物料顺序错误；物料添加太快；添加了污染物或错误的物料；冷却失效；来料太热；从混合物中转移热量的能力降低或失去；混合或搅拌失败；超出了或延长了混合或搅拌的时间；排气口堵塞或未打开；尾气排气压力憋压；密闭容器加压。

如果问题6的答案是肯定的，那么应该利用第4章中的信息，因为可能存在化学反应性危害。第4章的信息应该足以识别出必须加以管理的化学反应性危害。此外，如果确定了危害，第4章中提出的基本做法应该有助于管理这些类型的化学反应性危害。

如果你确信没有热量生成，然后对存储、处理和重新包装操作基于同样的考虑，那么继续下一个问题(问题7)。如果你不确定是否生成热，那么可以通过热量平衡或细致的温度测量来评估。通过进行热量测量来得出一个更明确的答案，这些热量测量可以代表在设备中所遇到的全部材料组分。4.4节讨论了一些筛查测试。

3.3 存储、处理和重新包装

本节的问题涉及储存、处理或重新包装任何危险材料的所有装置，以及生产和使用危险材料的装置。这些问题也涉及混合操作或在混合或物理处理过程中不产生热量的环节，如上一节所述。前4个问题涉及与空气、水或普通可燃物发生反应的物质——几乎肯定与反应物质非常接近的物质。下一个问题是关于自反应材料。接下来是最后一个问题，并结合一系列处理化学不相容的步骤。

【问题7：引火物和其他自燃物质】

下一个问题关于很容易与大气中的氧气发生反应的物质，即使没有点火源也会点燃和燃烧(见图3.8)。点火可能是即时的，也可能是由于自动加热过程，这可能需要几分钟或几个小时。因此，一些自燃的物质因为自我加热性被熟知。

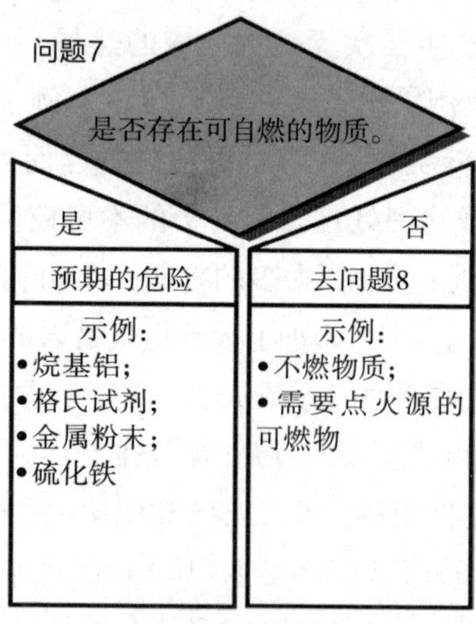

图3.8 问题7及其流程

在普通环境条件下，在短时间暴露于空气时，自燃材料会自燃。有些被认为是自燃的材料，在大气中需要最小的相对湿度才能发生自发着火。可燃烧材料所表现出的这个特点通常是众所周知的，因为它们的安全处理需要极度小心。

自燃和其他自燃物质通常会在它们的产品文献、MSDSs或国际化学品安全卡(见4.2节)中标识出。这些可自燃的物质应被确定为DOT/UN危害4.2类装运材料并贴上标签。对于自燃物质，如果用“NFPA钻石”(NFPA704 2001)标记容器或容器，红色(顶部)象限等级为4，表示可燃性最高(见图3.9)。

图3.9 NFPA自燃物质标签

由于自燃材料暴露在空气中有显而易见的危险性后果，因此失去密闭条件或其他空气暴露手段通常是最重要的问题。应该指出的是，自燃材料通常也表现出一种或多种其他反应性危害，例如水反应性。自燃原料和其他自发可燃原料不可控反应的可能原因包括以下异常事故：在打开设备进行维护之前，对含有自燃物质的设备清洗不充分；在将空气引入含自燃材料的管道或容器之前，空气净化不充分；用空气而不是惰性气体吹扫的设备或容器；空气在真空条件下吸入系统；密闭容器超压并排放到大气中；密闭容器超压和破裂；管道(或容器、反应器)穿孔；管道(或容器、反应器)腐蚀；密封或连接处泄漏；管道或管件的机械故障；稀释溶剂蒸发；切割、研磨、铣削；金属包装的机械磨损等等。

一个导致许多火灾和爆炸的场景的例子与硫化铁有关。当含有硫化氢或其他挥发性硫化合物的物流在含铁设备中加工时，就会形成不纯的自燃硫化物。潮湿硫化铁的氧化是高度放热的(发热)过程。没有充分吹扫的含硫化物设备会导致硫化铁快速点燃，然后点燃设备中的其他残余可燃气体或液体。许多涉及自燃的情况涉及暴露于充足空气的材料的组合，通常是隔热的条件下，防止缓慢氧化产生的热量消散导致自加热的情况。实例包括暴露于高浓度有机蒸气的活性炭和被油污染的棉花或纤维素材料。这些组合场景可以用不相容材料的检查和记录(下面的问题12)。

如果问题7的答案是肯定的，那么存在化学反应性危害，你应该利用第4章中的信息。第4章中的基本实践应该足以管理这一点。

如果你确定不存在自燃原料或其他自发可燃原料，则进入问题8。表3.2给出了自燃物质的类别和实例。更广泛的清单包括金属在内的不太常见的化学物质(Urben 1999, 2: 341–346)。其他自燃物质可参见美国运输部(U.S. Department of Transportation)法规49 CFR 172.101中的正确运输名称和UN/NA编号列表。

表3.2 一些自燃性物质的类别和实例

目 录	举 例
细碎金属(无氧化膜)	铝、钙、钴、铁、镁、锰、钯、铂、钛、锡、锌、锆
许多加氢催化剂含吸附氢(使用前后)	吸附氢的雷尼(Raney)镍催化剂
碱金属	钾、钠
金属氢化物	锗、氢化铝锂、氢化钾、氢化钠
部分或者完全烷基化的金属氢化物	丁基锂、氢化二乙基铝、三乙基铋三甲基铝
芳族金属	苯基钠
烷基金属衍生物	二乙氧基铝、二甲基氯化铋
非金属的类似衍生物	乙硼烷、二甲基膦、磷化氢、三乙基胂
羰基金属	碳基铁、五碳基化合物
格氏试剂	乙基氯化镁、甲基溴
金属硫化物	硫化铁
其 他	杂磷(白)、二氯化钛

【问题8：过氧化物形成剂】

这个问题说的是会与氧气反应并形成不稳定过氧化物的物质，这类物质浓缩后可能会爆炸分解(见图3.10)。

当过氧化物形成的液体被储存在空气含量有限的地方时，过氧化物形成或过氧化作用通常随着时间的延长而慢慢发生。形成过氧化物的物质通常会添加抑制剂或稳定剂以防止过氧化。使用MSDSs或国际化学品安全卡时发现，它们往往不容易识别为过氧化物。它们经常由储存和运输的另一特征来识别，例如易燃性。

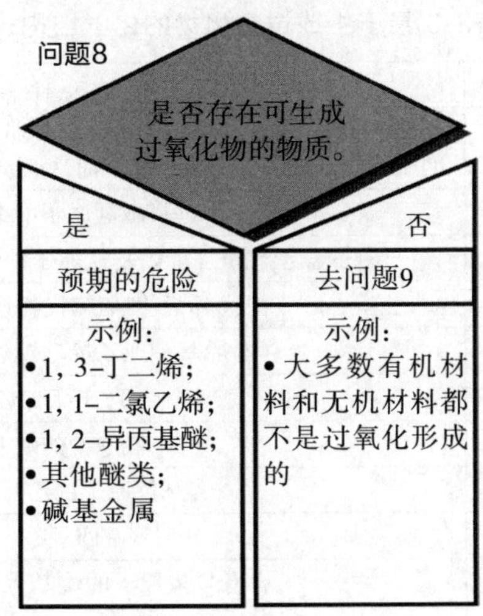

图3.10 问题8及其流程

因为过氧化物形成材料暴露于空气通常不会产生明显而直接的后果，因此出现问题的可能性通常比其他危险的可能性要小得多。事故的发生的过程一般先是过氧化物浓度随时间推移慢慢形成，浓度逐步增加，随后是诸如储存的容器暴露于空气中或者有搅拌发生，引发过氧化物爆炸分解。另一个一般的顺序是过氧化物的形成，过氧化物又作为引发不可控聚合反应的引发剂。过氧化物形成与不受控制的反应有关的一般原因包括但不限于以下因素：储存超过保质期的物料；未添加稳定剂/抑制剂，或稳定剂/抑制剂添加不足；添加了错误的物质作为稳定剂或抑制剂；抑制剂随时间耗尽/消耗，或在反应过程中被除去；容器蒸发空间不足，使抑制剂被激活；物质泄漏或溢出；物料过热或污染，稳定剂/抑制剂不稳定；暴露在空气中的光线下；打开容器，允许进入空气；通过蒸发或蒸馏浓缩过氧化物；不可溶的过氧化物在沉淀过程中集中；允许物料保留在已经封存或退役的设备中，或者未充分清理干净。。

如果问题8的答案是肯定的，那么存在化学反应性危害，你应该利用第4章中的信息。

第4章中的基本实践应该足以管理这一点。如果确定不存在过氧化物物质的形成，那么继续问题9。如果你不确定一些材料是否形成过，应咨询化学专家或其他专家。表3.3显示一些容易生成过氧化物的化学结构。

表3.3 易于生成过氧化物的化学结构式

结构式(不是所有键都被列出)		解 释
有机物	CH_2—O—R	具有α氢原子的醚，特别是环醚以及那些含有一级醇基和二级醇基的醚，当暴露在空气和光线下时，容易形成危险的爆炸性过氧化物
	CH(—O—R)$_2$	含α氢原子的缩醛
	C=C—CH	烯丙基化合物(含烯丙基氢原子的烯烃)，包括大多数烯烃
	C=C—X	卤代烯烃(例如氯代烯烃、氟代烯烃)
	C=CH	乙烯基和亚乙烯基酯、醚、苯乙烯
	C=C—C=C	1，3-丁二烯
	CH—C≡CH	含α氢原子的烷基乙炔
	C=CH—C≡CH	含α氢原子的乙烯基乙炔
	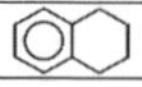	四氢萘
	(R)$_2$CH—Ar	含有叔氢原子的烷基芳烃(例如枯烯)
	(R)$_3$CH	含有叔氢原子的烷烃和环烷烃(例如叔丁醇、异丙基化合物、十氢萘)
	C=CH—CO_2R	丙烯酸酯、甲基丙烯酸酯
	(R)$_2$CH—OH	仲 醇
	O=C(R)—CH	含α氢原子的酮
	O=CH	醛
	O=C—NH—CH	含有氢原子的取代脲、酰胺和内酰胺氮上的碳原子
	CH—M	金属原子与碳键合的有机金属化合物
无机物	碱金属，特别是钾、铷和铯	
	金属酰胺(例如$NaNH_2$)	
	金属醇盐(例如叔丁醇钠)	

【问题9：水反应性材料】

这个问题涉及与水发生化学反应的物质，特别是在正常的环境条件下(见图3.11)。一些浓酸和浓碱在与水混合时可以产生相当大的溶解热或者稀释热。然而，这可以被认为是物理效应而不是化学反应。水的反应性可能会受到若干机制中的一个或多个机制的影响。反应热可引起热烧伤，点燃可燃材料，或引发其他化学反应。反应产物当中通常有易燃、腐蚀性或有毒气体形成。一些反应可能散发出危险物质。即使反应缓慢，也会产生足够的热量和废气，使密闭容器超压和破裂。

大多数水反应性材料的潜在危险是众所周知，它们需要采取安全操作的预防措施。具有水反应性的物质几乎总是在MSDSs或国际化学安全卡上被识别出来。它们可被标记为DOT/UN危险等级4.3的材料，在用于运输目的时，标有“潮湿时危险”的警告。不过，有些水溶性反应材料在此分类之外。例如，四氯化钛是DOT/UN危险等级8(腐蚀性材料)，在用于运输目的时，其运输标签可能同时反映腐蚀性和毒性危险。醋酸酐同样被指定为等级8危险物质，也可以被标识为可燃液体。

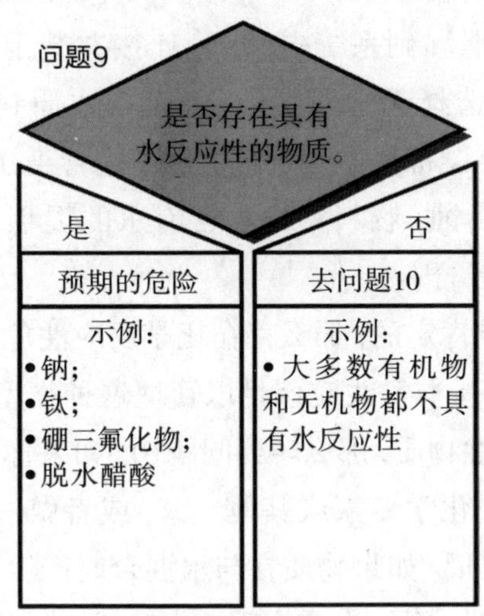

图3.11 问题9及其流程

当NFPA“钻石”被用于容器或容器标签，白色(底部)象限包含W符号时，材料将与水发生剧烈爆炸反应，并存在化学反应性危害(见图3.12)。然而，如果W符号不存在，材料可能仍然与水反应，但是速度很慢，这是因为NFPA的标志是对明显且即刻发生的水反应危险发出警告，要求采取紧急响应措施。水的反应性通常很快，但是也可能很慢。反应可以产生足够的气体，使封闭的容器破裂。有机物与水的反应可能会延迟，因为反应只在界面处发生。

图3.12 NFPA水反应性标签

水反应性材料与水的无意接触显然是最重要的问题。由于水在活组织中普遍存在，水反应性物质通常也是有毒的或有腐蚀性的，因此失去控制通常是一个随之而来的隐患问题。以下是一些可能导致水反应性物质发生不受控反应的原因：添加物料之前，设备干燥或吹扫不充分；进入空气或气体中的湿度；冷却水从冷却盘管泄漏到系统中；水管连接并装上阀门；添加含水原料而不是无水原料；接收或选择无水原料，而不是含水原料；雨水、洒水等溅落到纸质容器里；维护清理；设备在使用前蒸煮处理；管道(或容器、反应器)穿孔；管道(或容器、反应器)腐蚀；物料溢出到含有水的堤坝或沟渠中；管道的机械故障；反应相的无控制混合。

如果问题9的答案是肯定的，那么存在化学反应性危害，你应该利用第4章中的信息。第4章中介绍的基本实践应该足以管理这种类型的化学反应性危害。如果你确定不存在水反应性物质，那么转到问题10。如果你不确定某一种材料是否是水反应性的，应该咨询化学专家或其他专家，或者做一个简单的测试。出于防火目的，可对物质进行测量。如果物质在与水混合时产生一种气体或至少30cal/g (1cal≈4.184J，下同)的热量，则认为该物质是水反应性材料(NFPA704 2001)。测试使用的是两滴混合热量计(Hofelich et al 1994)。表3.4给出了一些易受水影响的化学反应性类别。表3.5列出了一些与水反应的材料。注意，这些不是全部的清单。

表3.4 易与水发生化学反应的种类(CCPS 1995b，NOAA 2002)

种类	示例	种类	示例
碱金属和碱土金属	钙、钾、钠、锂	无机氰化物	氰化铯、氰化钙、氯化氰根、氰化银
水溶性金属卤化物	无水三溴化金属盐、四氯化锗、四氯化钛	异氰酸酯	异氰酸正丁酯、异氰酸甲酯、甲苯二异氰酸酯
水溶性金属氧化物	氧化钙	金属碱	铝烷基、锂烷基
氯硅烷	甲基二氯硅烷、三氯硅烷、三甲基氯硅烷	金属酰胺	铅酰胺、钾酰胺、银酰胺、氨基钠
环氧化物(例如有酸存在)	丁氧化物、环氧乙烷、二环氧丁烷、环氧溴丙烷	金属氢化物	氢化钙、氢化锂铝、硼氢化钠
分散良好的金属(无氧化膜)	铝、钴、铁、镁、钛、锡、锌、锆	非金属氢化物	三氟化硼、三氯化磷、硅四氯化物
格氏试剂；有机金属	氯化乙镁、溴化亚甲基镁	有机酸卤化物/酸酐	乙酸酐、乙酰氯
无机酸卤化物	磷化铝、电石、镓磷化物	氮化物、磷化物、碳化物	磷化铝、电石、镓磷化物

表3.5 一些水反应性化学物质(CCPS 1995b，NFPA 2002)①

序号	化合物	序号	化合物	序号	化合物
1	醋酸酐	32	二乙基锌	63	五硫化二磷
2	乙酰氯	33	二异丁基氢化铝	64	三溴化磷
3	烷基铝	34	二甲基二氯硅烷	65	三氯化磷
4	烯丙基三氯硅烷	35	二苯基二氯硅烷	66	钾
5	氯化铝(无水)	36	二丙基氢化铝	67	钾钠合金
6	磷化铝	37	乙基二氯化铝	68	丙酰氯
7	戊基三氯硅烷	38	乙基倍半氯化铝	69	四氯化硅
8	苯甲酰氯	39	乙基二氯硅烷	70	四氟化硅
9	三溴化硼	40	乙基三氯硅烷	71	钠
10	三氟化硼	41	氟	72	二氯-二噻嗪三酮二水合物
11	三氟化硼醚合物	42	砷化镓	73	氢化钠
12	五氟化溴	43	磷化镓	74	连二亚硫酸钠
13	三氟化溴	44	锗	75	氯化硫
14	异氰酸正丁酯	45	异丁酸酐	76	硫 酸
15	丁基锂	46	异佛尔酮二异氰酸酯	77	硫酰氯
16	丁酸酐	47	锂	78	四乙基铅
17	钙	48	氢化铝锂	79	四甲基铅
18	碳化钙	49	氢化锂	80	亚硫酰氯
19	三氟化氯	50	甲基异氰酸酯	81	四氯化钛
20	氯硅烷	51	甲基铝倍半溴化物	82	甲苯二异氰酸酯
21	氯磺酸	52	甲基倍半氯化铝	83	三氯氢硅
22	氯氧化铬	53	甲基二氯硅烷	84	三乙基铝
23	氰 胺	54	亚甲基二异氰酸酯	85	三乙基
24	癸硼烷	55	甲基戊醛	86	三异丁基铝
25	乙硼烷	56	甲基三氯硅烷	87	三甲基铝
26	二氯乙酰氯	57	单-(三氯)-四-(二氯化钾)-五-噻嗪三酮(干燥)	88	三甲基氯硅烷
27	二氯硅烷	58	一氯-s-三嗪三酮酸	89	三丙基铝
28	二乙基氨基甲酰氯	59	十八烷基	90	四氯化钒
29	二乙基碲化物	60	苯基三氯硅烷	91	乙烯基三氯硅烷
30	二乙基氯化铝	61	磷酰氯	92	四氯化锆
31	二乙基氢化铝	62	五氯化磷		

① 这些化学物质与水的反应速度从缓慢到爆炸性的剧烈变化。与水的反应可能会产生有毒、腐蚀性或易燃的气体反应产物，或者产生足够的热量或废气来破坏未废弃的安全壳。这不是水反应性化学物质的详尽清单，其他类别参见表3.4。

【问题10：氧化剂】

问题10涉及任何容易产生氧气或其他氧化气体的材料(见图3.13)，或任何容易发生反应以促进或启动可燃材料的燃烧(NFPA430 2000)。因此，大多数氧化剂可以被认为是与普通可燃液体或固体发生反应，并且通常用做加工、包装、一般用途或结构的材料。它们也可以与许多其他物质发生反应。

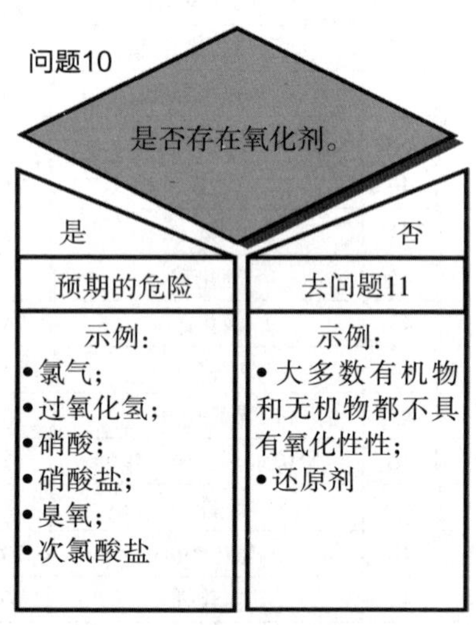

图3.13 问题10及其流程

有机过氧化物，与氧化剂一样包括在一般DOT/UN危险等级(5类)，也被认为是自反应材料，所以下面的问题11已经解决。

氧化剂几乎总是在MSDSs上被识别为这一类物质，或者在国际化学安全卡上列出。它们可以被识别为DOT/UN危险等级5.1，在用于运输的目的时，被标记为氧化剂。

然而，一些氧化剂被归类为其他类型。例如，氯气危险等级是DOT/UN 2.3级(吸入有毒气体)，在用于运输的目的时，被标记为毒气，但它也可以被贴上腐蚀性材料的标签。

液体氧气是危险等级是DOT/UN 2.2级(不可燃的无毒压缩气体)，但应该标记为不可燃气体和氧化剂。当NFPA“钻石”用于容器或反应器标签，白色(底部)象限标有OX时，则物质具有氧化特性(见图3.14)。它可以是氧化剂或有机过氧化物。在无论哪种情况，都应该被认为是具有化学反应性危害。

图3.14 NFPA氧化剂标签

氧化剂与还原剂(包括可燃材料)的无意接触是处理氧化物质可能出错的最重要问题。

这种接触会增加可燃材料的燃烧速度，也可能在没有任何额外的点火源的情况下会引起火灾。当受到污染或者暴露在热或冲击下，有些氧化剂也可以进行剧烈的或爆炸性的自保持分解。与氧化剂发生类似的不可控反应的可能原因包括以下异常事故：从容器中泄漏或者溢出氧化剂；氧化剂被会促进或引发的物质污染分解；水溶性氧化剂溶于水，会污染包装材料、托盘或者排水系统；氧化剂与受热表面的接触；含有氧化剂的房间或工艺过热；氧化剂和可燃物参与建筑火灾；处置不合格或溢出的氧化剂；未充分清洁就重新使用容器；在工艺设备中不小心将氧化剂与还原剂/可燃材料混合；用于固体氧化剂和还原剂/可燃材料的普通除尘系统。

如果问题10的答案是肯定的，那么存在化学反应性危害，你应该利用第4章中的信息。

如果你确定没有氧化剂是预先保存的，那么继续问题11。如果你不确定一种材料是否是氧化剂，应该咨询化学专家或者其他专家。表3.6源自NPFPA49(2001)和NFPA430(2000)的附录B，列出了一些典型的氧化物，但这不是一个完整的列表。有机过氧化物不单独包含在这个列表中。NFPA432(1997)是一种有机过氧化物配方的参考。《Bretherick’s Handbook(布雷瑟里克手册)》第2卷(Urben 1999, 287–291)列出了许多具有氧化剂性质的结构和单个化学成分。

表3.6 典型的氧化剂(NFPA430 2000，NFPA49 2001)

序号	化合物	序号	化合物	序号	化合物
1	重铬酸铵	30	二氧化铅	59	硝酸正丙酯
2	硝酸铵	31	高氯酸铅	60	过氧化银
3	高氯酸铵	32	氯酸锂	61	溴酸钠
4	高锰酸铵	33	次氯酸锂	62	过氧化碳酸钠
5	过硫酸铵	34	高氯酸锂	63	氯酸钠
6	硝酸戊酯	35	过氧化锂	64	亚氯酸钠
7	钡溴酸盐	36	溴酸镁	65	二氯–噻嗪三酮(二氯异氰尿酸钠)
8	钡氯酸盐	37	氯酸镁	66	二氯–二噻嗪三酮二水合物
9	次氯酸钡	38	高氯酸镁	67	重铬酸钠
10	高氯酸钡	39	过氧化镁	68	过硼酸钠(无水)
11	高锰酸钡	40	二氧化锰	69	过硼酸钠一水合物
12	过氧化钡	41	氯酸亚汞	70	过硼酸钠四水合物
13	五氟化溴	42	单–(三氯)–四–(二氯化钾)–五–噻嗪三酮单氯–三嗪三酮酸	71	过碳酸钠
14	三氟化溴1–溴–3–氯–5，5–二甲基乙内酰脲(BCDMH)	43	硝酸和发烟硝酸	72	高氯酸钠
15	氯酸钙	44	亚硝酸盐，无机物	73	高氯酸钠一水合物
16	亚氯酸钙	45	氮氧化物(NO_x)	74	高锰酸钠
17	次氯酸钙	46	氧	75	过氧化钠
18	高氯酸钙	47	过氧乙酸	76	过硫酸钠
19	高锰酸钙	48	高氯酸溶液	77	氯酸锶
20	过氧化钙	49	溴酸钾	78	高氯酸锶
21	氯酸(最高浓度10%)	50	氯酸钾	79	过氧化锶
22	氯	51	二氯噻嗪酮二钾(二氯异氰尿酸钾)	80	四硝基甲烷
23	三氟化氯	52	重铬酸钾	81	铊氯酸盐
24	氯磺酸	53	过碳酸钾	82	三氯–s–三嗪三酮(三氯异氰尿酸)(酸均为各种形式)
25	三氧化铬(铬酸)	54	高氯酸钾	83	尿素过氧化氢
26	氯酸铜	55	高锰酸钾	84	锌溴酸盐
27	硝酸胍	56	过氧化钾	85	氯酸锌
28	Halane(1，3–二氯–5，5–二甲基乙内酰脲)	57	过硫酸钾	86	高锰酸锌
29	过氧化氢溶液	58	超氧化钾	87	过氧化锌

【问题11：自反应物质】

能自我反应的物质，通常能加速爆炸的速度(见图3.15)。

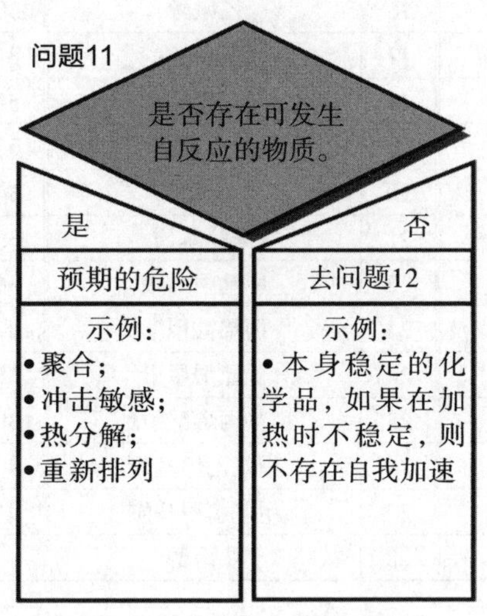

图3.15 问题11及其流程

这些物质具有不同的化学结构，使它们至少易受到三种自我反应形式之一的影响：

① 聚合(被称为单体的单个分子结合在一起，形成非常大的、链状的或者交联的聚合物分子)。

② 分解(较大的分子分解成更小、更稳定的分子)。

③ 重新排列(分子中的原子重新排列成不同的分子结构，例如不同的异构体)。

一些物质(如环氧乙烷)可以有多种方式自反应。自反应材料在MSDSs或国际化学品安全卡上通常被认为是“聚合的”、“分解的”或“不稳定的”。DOT/UN 1级物质(爆炸物)和5.2级(有机过氧化物)可能是自反应的。然而，有些有机过氧化物制剂，诸如NFPA的第五类制剂432(1997)，燃烧强度甚至低于普通可燃物，不存在化学反应性危害。许多自反应材料可归入其他类别。例如，大多数自聚合材料被标记为易燃气体或易燃液体，这是因为它们除了反应性之外，还具有易燃性。一些可发生聚合反应的物质的例子列于表3.7。

表3.7 一些可发生聚合反应的物质(从NFPA 49 2001摘录)

序号	化合物	序号	化合物	序号	化合物
1	丙烯醛	15	乙 烯	29	丙 醛
2	丙烯酰胺	16	乙氰醇	30	环氧丙烷
3	丙烯酸	17	环氧乙烷	31	苯乙烯
4	丙烯腈	18	乙亚胺	32	四氟乙烯
5	1, 2-环氧丁烷	19	丙烯酸-2-乙基己酯	33	四氢呋喃
6	丙烯酸丁酯	20	氢氰酸	34	甲苯二异氰酸酯
7	1, 3-丁二烯	21	橡胶基质	35	三甲氧基硅烷
8	丁 醛	22	甲基丙烯酸	36	醋酸乙烯酯
9	巴豆醛	23	丙烯酸甲酯	37	乙烯基乙炔
10	二氯乙烯	24	异氰酸甲酯	38	氯乙烯
11	双乙烯酮	25	甲基丙烯酸甲酯	39	乙烯醚
12	二乙烯基苯	26	甲基乙烯基酮	40	乙烯基甲苯
13	表氯醇	27	甲基氯甲基醚	41	偏二氯乙烯
14	丙烯酸乙酯	28	炔丙醇		

当NFPA“钻石”用于标记自反应材料的容器或反应器时，黄色(右)象限应具有介于1(最低)和4(最高)之间(见图3.16)。根据NFPA704的定义，这表明该材料存在不稳定危险(NFPA 2002)。具有NFPA不稳定性等级是识别自反应材料的一种简单方法。NFPA49和NFPA325对许多不同工业化学品进行了不稳定性评级(NFPA 2002)。

图3.16 NFPA自反应物质标签

自反应材料的共同特点，是比它们的聚合、分解或重排产品具有更多的内能，因此当自我反应发生时，能量就会释放出来。如果释放的能量没有像现在这样迅速消散(例如通过冷却),它就会可以进入未反应物质的预热阶段,并导致反应速度失控。

开始自我反应需要一些能量。在分子水平上,这叫做活化能。它可以被认为类似于一列需要能量(活化能)才能上升到一个轻微的斜面的火车,然后以越来越快的速度下山。这种效果如图3.17所示。

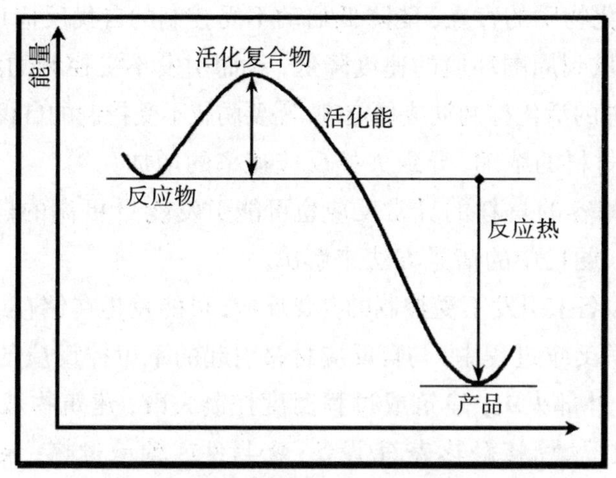

图3.17 活化能和反应路径

对于一些高度反应性的材料,例如对冲击敏感的炸药和有机过氧化物,机械冲击、摩擦或火花可能足以引发分解反应。然而,对于大多数自我反应材料,能量输入是热能(热量)的形式。对于存储系统内的情况,热能足以在特定的时间内在存储系统中引发不受控制的反应,这个临界温度称为自加速分解温度(SADT)。正如NFPA49(2001)所述:某些化合物在适当的环境温度下保持一段时间后,可能会发生放热反应,该反应会随着温度的升高而加速。如果反应释放的热量没有被环境吸收,那么体系内的温度会上升,这导致分解速率的增加。如果不加以控制,则温度会呈指数级增长,达到无法停止或减缓分离的程度。这种指数增长发生在其最大的标准集装箱内的材料的最低温度被定义为自加速分解温度。自加速分解温度是在正常储存条件下容易于分解的温度的度量。它不是任何分解反应在暴露于火灾或接触不相容材料时的伤害程度的指标。

对于机械能和电能也可以测量类似的阈值。例如，液滴高度落差测试被定义为重量下降对材料样品的影响而引发冲击敏感材料的爆炸分解。研究者提出了一种研究摩擦起爆的类似试验方法。气相分解对电火花引发的敏感性被测量为最小点火能量(MIE)，类似于用于引发蒸气或粉尘爆炸的MIE。

自反应材料可能出问题主要有以下五个方面：

① 出现异常能量输入，足以引发不受控制的自我反应。

② 一种催化物质的存在，能降低启动不受控制的自我反应所需的能量。

③ 能量耗散到周围环境的速度降低，从而引发不受控制的自我反应。

④ 缺乏足够的活化抑制剂或稳定剂，需要防止不受控制的自我反应的开始。

⑤ 自反应材料的浓缩，导致失控反应速率的增加。

与其他不相容的材料的异常反应也可能引发能量更高的自我反应。这些问题可以通过问题12中的情景方法来解决。

在给定的设备上引发不受控制的自我反应，可能发生在储存或处理、混合、物理处理或化学反应过程中。与自反应材料引起的不可控反应的许多可能原因包括以下方面：外部火灾；建筑或过程温度控制失败；建筑物或工艺过程冷却的失效；过热或干燥；接触热表面/设备；密封件或轴承过热；泵抽空或者发生气蚀；自反应气体或蒸气的绝热压缩；在含有自反应材料的区域或设备上进行热加工；电火花或电弧；容器掉落或撞击；异物夹在搅拌器和罐壁之间；由于重复使用、腐蚀或清除不充分，催化物质保留在容器或设备中；无意中添加到工艺中的催化物质；在与物质接触的过程中，建筑材料不当或密封材料不正确等；在过大的容器中的包装材料；集装箱超载或集装箱间距不足；污垢、额外的绝缘、空气流通不足导致热传递损失；蒸发或蒸馏浓缩稀释制剂；物质泄漏或溢出，特别是在传热最小的地方(例如绝缘)；灰尘/粉末积聚在灰尘收集或通风系统中；没有添加稳定剂/抑制剂，或稳定剂/抑制剂添加不足；添加了错误的物质作为稳定剂或抑制剂；抑制剂被消耗或反应；容器蒸气空间中的空气完全置换，不允许激活抑制剂；材料过热或污染会使稳定剂/抑制剂失效；物料储存时间超过建议的储存期限；抑制剂或稳定剂随时间消耗；冻结或沉淀导致抑制剂或稳定剂分离；在过高压力下操作(例如乙炔、乙烯、乙烯氧化物)；掉落在震动敏感材料上的工具或其他设备；其他异常能量输入，如放电或摩擦。

如果问题11的答案是肯定的，那么存在化学反应性危害，你应该利用第4章中的信息。第4章中介绍的基本实践应该足以管理这类化学反应性危害。但是，这不包括商业炸药的考虑因素，因为商业炸药也是自反应材料。

如果你确定不存在自反应物质，那么继续下一个问题(问题12)。如果你不确定一种材料是否具有自反应性，都应该咨询化学专家或其他专家。NFPA704(2001)的附件E给出了一种计算“瞬时功率密度”的方法，即产品在250℃(482℉)下发生自反应和初始反应速率的焓(热)。被认为反映NFPA不稳定性的两个标准额定值为零且不存在自反应性危害，瞬时功率密度值低于0.01W/mL。并且，当用差示扫描量热法(NFPA 2002)测试时，物料在低于或等于500℃(932℉)的温度下显示没有放热。

【问题12：不相容材料】

到目前为止，个别物质本身或者与一般环境物质接触时的化学反应性危害已经考虑过了。化学反应性危害筛选的最后一个问题任务将解决由于不相容的物质互相接触而导致的无意的化学反应(见图3.18)。在这种情况下，相容性是指物质存在于没有特定后果(通常是危险的)的接触场景的能力。在这种情况下，以下一个场景是对过程的详细物理描述，由此可能发生潜在意外的物质的组合(ASTM E 2012-00)。

这个问题特别涉及混合和配方装置。在这些装置中，物料被有意地组合在一起。然而，它也可以适用于存储、处理、重新包装或存在不相容物料的物理处理装置。有可能相互接触，或者错误的物料卸载到储罐或装置中。

① 第一步：决定关注的预期后果。正如上述相容性定义所暗示的，确定物质是否不相容取决于你认为在你的工厂运作中不希望出现的“后果”有哪些。建议的出发点可能是考虑不受控制的化学反应产生不希望的后果，导致下列任何一种情况的发生：有毒气体产生；腐蚀性气体或液体产生；可燃气体产生；对冲击敏感或爆炸材料的形成；爆炸；可燃材料点火；产生足够的废气，使容器或外壳破裂；充分加热物质，以引发化学分解、热失控反应，或另一种更具能量的化学反应；降低材料的热稳定性，至分解引发点。装置所有者(如第4.1节所述)应决定或同意在继续前进之前，关注不良后果。

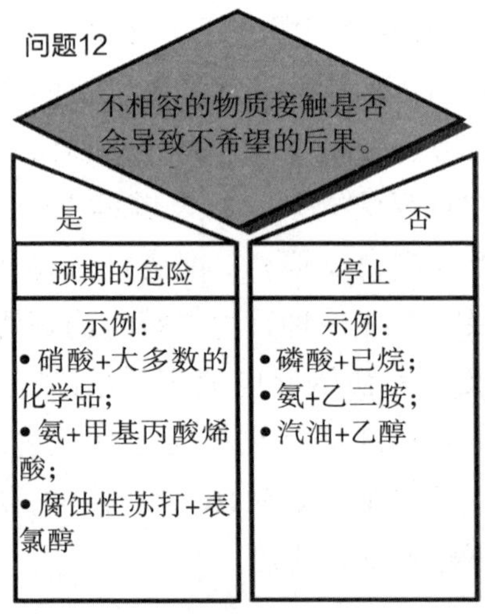

图3.18 问题12及其流程

② 第二步：识别混合场景。下一步是确定物质可能被混合的特殊场景。化学相容性在很大程度上取决于混合情况，至少应考虑以下因素(ASTM E 2012-00)：可以组合的材料，包括它们的组成或浓度；特定数量的材料；储存温度；封闭系统(封闭或开放系统)；大气(空气、氮气惰性化、富氧)；物质接触的最长时间。根据装置的性质，有许多不同的场景，可能是不同物质的无意混合或组合。这些场景的几个原因示例(起点)包括：泄漏的液体接触邻近的材料或容器；物料由泵输入错误的储罐；物料被泵送或转移到错误工艺的容器；交叉连接线保持打开；供应商提供的物料或浓度错误；标记错误或未标记的物料；操作员选择了错误的物料，并将其添加到混合物或配方中；在同一罐或容器中混合的废料；工厂下水道系统中的废物；pH值测量不准确；进入的物料不纯或受到污染；使用错误的建筑物料；前一批次生产中遗留在工艺设备中的物料；开工前清洗遗留在工艺设备中的物料或其他污染物；外力(地震、起重机、火灾、爆炸等)导致相邻储罐或容器同时或接连二三失效；产品或废物被转移到带有残余物料的容器中；发生未经授权的物料混合；所有操作参数未经过研究；量热测试过早停止。请注意，可以采取积极措施来消除无意混合的可能性，例如通过储存隔离、消除过量库存、即时交货或现场制造。如果是这样，那么你可能能够显著减少需要评估的潜在场景的数量。

③ 第三步：记录混合场景的后果。建议设置一个表，如表3.1所示，以记录已识别的场景，以及每个场景是否存在不相容危险。这在示例中得到说明，如表3.8所示。在表格的第一栏中描述哪些具体物质和数量可以组合在一起，如何组合以及组合的时间。使用第二列指示是否适用环境、非限制条件(环境温度、大气压力，21%氧气的非惰性和非富集大气，没有封闭或限制)。假设发布的相容性数据只有在应用环境、无约束条件时才有效，除非数据另有说明，否则适用环境、无约束条件。使用第三列来表示在这些条件下，将会发生一种化学反应，这有可能导致任何预先确定的不良后果。在最后一栏记录任何评论和信息来源。

表3.8 意外混合场景和相容性评价示例

场景	情况正常吗？①	“R”、“NR”或“？”②	信息来源；评价
在敞口桶中混合1L家庭用氨清洗剂和1gal(1gal≈3.785L，下同)家用氯漂白剂，意在立即使用	Yes	R	基于次氯酸钠解决方案MSDS，产生热和有毒蒸气；在特定条件下，能形成爆炸性三氯化氮
将2gal用过的机油倒入开口的55gal的含有废弃松节油的桶中，然后盖上塞子，放在外面的桶储存区长达3个月的时间	否	NR	废的松节油中没有任何污染物是不相容的；使用NOAA化学反应性工作表，根据实际混合物的经验，低于500℃缺乏DSC放热的情况，在桶中封闭3个月不会引起反应
无意将100℉(37.8℃)400gal的环己烷以5gal/min的速度注入封闭的储罐中，罐中有200～800gal的丙烯酸以及200mg/L对羟基苯甲醚阻聚剂，温度保持在68℉(20℃)	否	？	环境条件下，只有已知大气条件下的相容性信息。丙烯酸预计不会与环己烷发生反应，但是可能加热到足以增加二聚体的形成，并可能引发聚合

① 在室温、大气压强、氧含量为21%和无约束条件下，接触混合是否发生？如果不是，不要假设发布了适用于环境条件的数据。

② “R”是指在规定的方案和条件下具有反应性(不相容)；“NR”是指在规定的方案和条件下不具有反应性(相容)；“？”是指未知，假设在获得更多信息之前不相容。

用于确定是否存在不相容性的最佳数据很明显将来自于测试实际的场景和条件。然而，这通常是不实际或不可能的。小规模试验可以在实验室中进行，该实验可提供反应是否是有意的反应的相关信息。然而，要小心得出这样的结论：由于没有小规模的反应，在工业装置中不会产生任何影响。传热效应和放大问题尤为重要，在推断小规模结果时要小心。传热、混合和其他放大效应的差异可能会造成实际影响与小规模结果之间重大的潜在的灾难性分歧。

由于缺乏实际测试结果，下一个最佳选择是检查特定化学品的特定安全数据，例如MSDS或国际化学品安全卡(ICSCs)所涉及的特定化合物和浓度。MSDSs标准第10节(稳定性和反应性)应包含与其他材料不相容的信息。类似信息应该出现在ICSCs的化学危险性部分。然而，这些仅仅是不相容材料的清单，并且没有说明预期的结果。列出的不相容性应被认为仅适用于环境条件。

关于不相容性的参考文献包括《Bretherick's Handbook of Reactive Chemical Hazards(布雷瑟里克化学危害手册)》(Urben 1999)、《Sax's Dangerous Properties of Industrial Materials(萨克斯工业材料的危险特性)》(Lewis和Irving 2000)和《NFPA 491, Hazardous Chemical Reactions(NFPA 491, 危险化学反应)》(NFPA 2002)。这些文献总结了已发表的关于不相容的信息和事故。它们可能会给出更详细的信息，说明什么特定材料被结合在一起的时候会发生了什么。

如果没有特定的化学物质的信息，那么能够通过使用相容性基团或化学物质的方法来预测具有其结果，具有相同化学结构式的化学品的反应特性应该是相似的。使用这种方法的一个计算机化工具是美国国家海洋和大气管理局(U.S. National Oceanic and Atmospheric Administration, NOAA)提供的化学反应性工作表(NOAA 2002)。这个程序数据库中包含超过6000种化学物质、混合物和溶液。它还预测了两种材料结合的化学反应结果(例如："化学反应产生的热量可能导致加压")。化学反应工作表中的例子如4.2节所示。至关重要的是，所有化学物质都必须被积极地识别，以对潜在的不相容度进行全面的评估。

如果发现任何不相容之处(表3.8的第三列中的"R"或"？")，问题12的答案是肯定的。然而，对每个场景发生的可能性需要一些判断。例如，一个场景可能被判断为在装置使用期间任何时候都不会发生。这一点可以在评论中和支持这一判断的信息一起指出来，你可能会决定将管理化学反应性危害的重点放在更有可能导致损失的危害事故上。

对于储存、加工或处理许多不同材料的装置来说，最好使用矩阵法来调查所有可能的材料组合，包括污染物、结构材料、添加剂、催化剂、公用工程和普通物质(如空气和水)。相容性矩阵的开发将在4.3节讨论。

对于更大、更复杂的装置来说，有必要采取系统的方法来识别不相容场景，并分析它们的严重程度和可能性。“过程危险分析(PHA)”方法，诸如“危险和可操作性(HAZOP)”研究可以成为一个促进这种努力的有效工具。如果工艺过程在要求的条例的范围内，也可能是需要监管。这些方法将在4.5节讨论。

如果问题12的答案是肯定的，那么存在一种或多种化学反应性危害，你应该利用第4章中的信息。第4章中的信息应该足以管理这种类型的化学反应性危害。

如果你确定没有不相容的材料可能互相接触并导致不希望的后果的可能性，那么就到此为止。如果遵循了图3.1中的决策流程，则初步筛选方法表明你的装置没有显著的化学反应性危害。

这不应被认为是对该装置整个生命周期的最终答案。每当向一个装置中引入新的化学品或者新工艺时，都需要特别小心，并且需要有管理控制，防止未经许可的物料被带到现场。你可以通过屏幕上看到每一种新发现或者正在考虑的新化学物质，看看它的存在是否会带来化学反应性危害，这些危险必须持续地得到管理和控制。

4 基本管理实践

本章介绍了管理化学反应性危害的10个基本方法。所有安全管理系统(诸如应急响应之类)共同的管理要素没有包括在本章中。

图4.1显示了这些实践如何在一个逻辑框架中结合在一起，从而在装置的整个生命周期中开发和维护对于化学反应性危害的管理。如2.3节所述，这些做法中的一些可能已经在于现有的装置中实施，但可能需要扩展并应用于管理化学品反应性危害。

本章假设你的工厂存在化学反应性危害，如果你不确定你是否有任何化学反应性危害，第3章中的初步筛选方法可用于帮助确定是否存在化学反应性危害。

4.1 建立管理化学反应性危害的系统

如图4.1流程图所示，管理化学反应性危害从管理系统开始。为了防止事故发生，装置不仅必须设计良好，而且必须操作和维护得当。各级管理层对安全的监督是至关重要的，以确保所有安全方面都得到足够的重视。在实践中，安全与生产需求和计划等其他目标之间可能会产生利益冲突。在这些情况下，管理态度将是决定性的。实际上，这种冲突可能只是一种表面上的，因为安全、效率和产品质量都依赖于可靠的生产设备，而这些设备很少出现严重的安全问题(CCPS 1995a)。

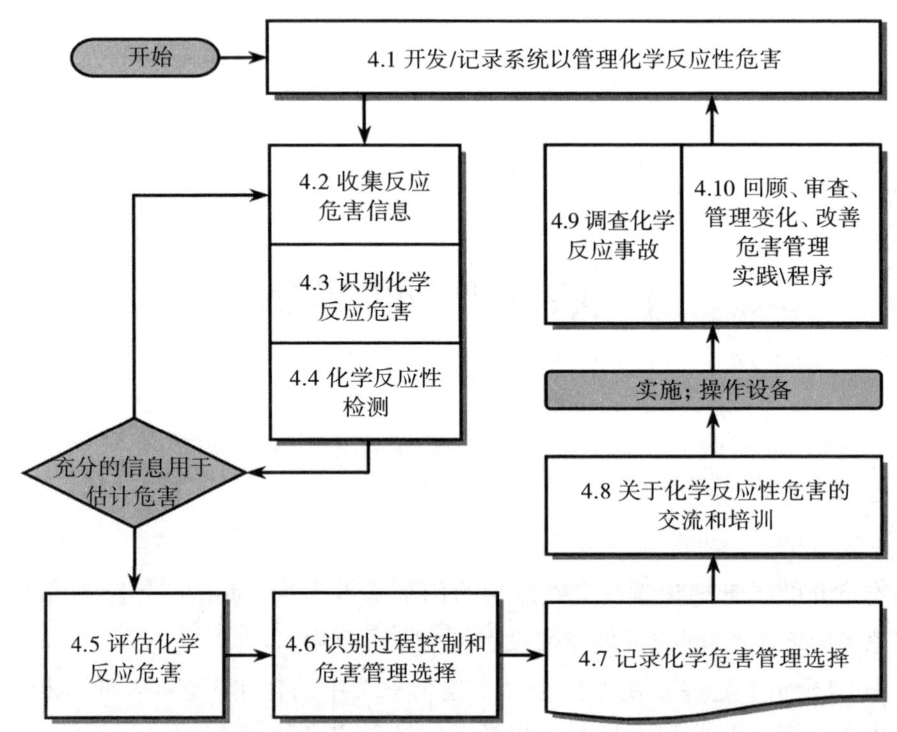

图4.1 实施化学反应性危害管理的流程图(图中的序号指的是本书的章节)

开发一个管理系统不是一次性的项目。它必须能够管理哪怕细微的物料、设备或人员的变化，而这些变化可能会对操作的安全性产生重大影响。这些变化可能包括原材料纯度的微小变化、对传热很重要的容器的形状的改变，或者对监控方式的改变。

表4.1列出了有效管理化学反应性危害的管理系统的基本要素。诚实地将公司目前的做法与本清单中的项目进行比较，可以用来指出需要填补的空缺。如果你刚刚开始进行化学反应性危害管理，这表明需要开发一个成功的管理系统。

众所周知，建立一个符合表4.1中的所有项目的管理制度是一项重大的工作，并且可能需要对“企业文化”进行一些可能不需要一夜之间发生的重大改变。然而，这些项目是基本的，如果没有明显的管理层承诺和参与，或者没有足够的资源，继续执行本章的其余要素不大可能随时间而成功。

表4.1 差距分析：化学反应性危害管理系统

1	最高管理层的承诺已经以书面形式和个人交流方式表达出来，并传达给现场管理人员和员工
2	业务决策和资源分配与最高管理层的承诺一致
3	涉及化学反应性危害的装置或工艺过程的所有权是明确的
4	从首席执行官到一线生产线管理人员，致力于管理化学反应性危害
5	已经开发了一个适当的系统来管理化学反应性危害，正式记录在案
6	该系统包括明确的书面陈述，说明需要做什么记录、何时、如何、多久以及由谁记录
7	手段和资源已经被永久分配，并进行了适当的培训和稽查，以使整个组织的每一个人都具备执行任务所需的知识和技能
8	每个人都明白遵循管理化学反应性危害的所有既定程序是就业岗位所需的一个条件
9	现有技术资源可随时用于识别化学反应性危害，获取所需数据、评估风险并制定保障措施
10	建立并记录装置及其安全系统的设计基础，包括操作和维护程序
11	所有工艺、设备和人员的变更都得到管理，以确保装置的安全不受任何变更的影响
12	生产线管理人员参与定期的审核，以确保管理化学反应性危害的程序和实践得到始终如一地遵循
13	生产线管理人员参与了所有化学反应事故和未遂事故的调查，并为纠正措施提供资源行动
14	在组织内部培养一种持续改进的态度和实践，包括向外部了解最新的信息并努力使装置本身更安全

化学反应事故的案例记录，例如在附录A中的案例，有助于获得化学反应性危害管理所需的关注和优先权。其他公司的程序可以帮助建立一个运作良好的组织基础。然而，应该注意的是，这些公司的程序是用于有意的化工反应装置的实践，如3.1节所述，比不涉及有意的化学反应的装置需要额外的资源且复杂程度更高。表4.1中列出管理系统的属性适用于所有具有化学反应性危害的装置，无论是仓库、合同搅拌机、油漆制造商、研究实验室，还是世界级的化工厂。

管理化学反应性危害的重点是“直线责任(line responsibility)”。这里提到的“直线”是从运营商延伸到公司的首席执行官的指挥和权力链。当所有的建议和咨询都是针对某个问题的，比如来自相关领域的专家和安全人员的意见时，提供领导力是企业的责任。它体现在传达价值观、制定政策、作出适当的决定，以及分配必要的资源并采取后续行动，以确保实施。

在行业责任中，隐含的是对装置所有者的清晰理解，包括谁“拥有”该装置的化学反应性危害。这通常由工厂主管或工厂经理负责。一家公司通过在新工艺的初始概念和开发阶段定义和记录化学反应的“所有权”来实现这一点。

反应性化学过程的所有权在建设时应正式移交给实际装置的管理部门。

4.1.1 安全策略

危害管理的过程从管理支持、承诺和行动开始。管理层必须建立清晰的通信联系和维持协调管理这些危害的策略。这通常在一份正式声明中表达，其中包含具有以下属性：

① 它反映了公司的价值观——这才是真正重要的(Dowell 2002)。

② 它传达了管理层在整个装置生命周期中识别、减少和控制化学反应性危害的承诺。

③ 它认识到管理化学反应性危害以避免严重事故的重要性。

④ 它赞同对所有必要的活动，包括材料测试，以及及时完成审查、审计和调查行动项目决议并编制文件的持续的资源承诺。

⑤ 支持报告和调查事故和微小失误，强调交流和分享经验教训的价值和必须性。

组织可以修改的现有策略来包含上述概念，可能没有必要制定一项独立的新策略。

4.1.2 资源分配

一份策略声明本身就没有什么价值。管理层必须为正在进行的项目提供持续的资源承诺。最重要的资源是拥有安全运营和维护装置所需的背景、资格、经验和承诺的合适人员。这包括了解化学反应性危害及其控制的技术专长，以及随着时间的推移所需知识的手段。

另一个表达管理承诺的主要领域是为及时执行行动项目分配人力和资源。新的装置设计、固有的安全审查、过程危险分析、事故调查、审计，以及与危害管理相关的其他活动将导致许多行动项目的形成。如果要进行真正的改进，必须正确地处理这些操作项并将其关闭。这种情况很少发生，尤其是及时发生，除非有一个系统来记录、分配和跟踪它们以便解决，同时管理层会定期监督其状态并推动完成。

4.1.3 责任和问责制

对于仓库和处理有意的化学反应的装置来说，其管理化学反应性危害的系统显然是不同的。然而，两者的共同之处在于需要明确规定和记录化学品反应性危害管理的各个方面的责任，然后由生产线管理人员负责指定职责岗位上的所有人员履行职责。显然，这与一线管理人员分配到足够资源以履行职责密切相关，并且要为人员提供安全工作所需的信息和培训。后者在管理化学反应性危害时特别重要，因为危害的性质要求对化学反应性危害有一定程度的了解，以及如果发生失控的化学反应可能产生的后果。

职责说明最好放在一个受控的记录内，其中包括需要做什么、什么时候做、怎样做、做多久以及由谁做的明确声明。程序和职位描述可以指定现有装置的部分职责。制定一个管理制度将是最有效的办法，由将被赋予指定责任并负责履行这些责任的人广泛参与制定。

4.1.4 评审、审计和调查

过程危害审查应该从彻底理解与工艺过程相关的所有因素和条件开始。在获得这种理解之前，启动一项过程危害分析将是低效的，更不用说是一项更为详细的测试。

为了确保化学反应性危害管理系统继续按照原来的计划运行，并继续达到预期的效果，定期的审查和重新评价是必要的。从这一定期审查可以认识到，组织是动态的实体，管理人员不断变化。定期审查的一个明显好处是核查审计结果和预防行动报告已被解决并记录在案，另一个明显的好处是可以及早发现令人不安的趋势，比如很少报告的小失误。小失误定义为一系列意外事故，如果情况不同或任其发展，这些事故可能造成伤害或者损失。

管理层有责任建立和维护一个信任和尊重的领域，以鼓励公开报告未遂事故和实际损失事故。如果没有达到这种积极的气氛，就会导致很少或者根本没有未遂事故的报告，而这种报告可能最终本可以避免灾难性事故。

4.1.5 系统开发

化学反应性危害管理系统的初始开发人员必须首先获得最高运营管理层的支持。最初为建立管理系统提供便利的个人、团队或特设委员会，应通过了解化学反应性危害的基本原则和优先事项而开始准备工作，他们必须确定哪些方法适合于他们组织的特定的文化和视角。他们有责任教育管理层(在管理方面)，给管理层机会参与开发活动。最高管理层成员可能无法直观地理解化学反应性的细节。然而，面向高层管理人员的有关如何管理化学反应性危害的教育至关重要。管理层的参与有助于促进“所有权”意识，帮助企业将化学反应性危害管理作为一个正常的管理责任组成部分。促进管理者的所有权意识，减少了将化学反应性危害主要视为一个狭隘技术人员群体领域内问题的倾向。永远不应该有“化学反应性危害是安全办公室的责任”这样的说法才对。

4.2 收集反应性危害信息

管理化学品的一个基本实践是收集反应性危害的数据。这些数据可能是在你主管的工厂的装置里存在的数据。这可以基于当前的化学品清单，也可以根据预期出现的化学品清单来完成。无论哪种情况，你的管理系统都必须还包括一种检测和检查方法，以检查第一次现场带来的任何新的化学物质或者变化了的化学品。

4.2.1 找什么

图4.2中的列表显示了每种物质需要了解的基本化学反应性危害信息。这是第3章初步筛选方法所需的信息的扩展。本书末尾的术语表给出了表中使用的大多数术语的定义。

CAS编号 ______________　　名称[①] ______________________________

NFPA不稳定率 ________　　反应方程式 ___________________________

氧化剂? ______________　　形成不稳定的过氧化物? ______________

水反应? ______________　　自燃物质? ____________________________

聚合反应? ____________　　需要抑制剂? __________________________

分解反应? ____________　　冲击摩擦或者敏感性? ________________

对热敏感? ____________　　需要温度控制? ________________________

不相容性? ____

____

反应产品? ____

反应速度? ____

一定量的数据(起始温度、反应热、最大压力升高等等)可能后来需要。

① 也包括组分、浓度范围和稀释液体，视情况而定。

图4.2 基本化学反应数据

图4.2所示的温度控制比压力等其他参数更敏感。由于各种原因，化学品可能需要温度控制。例如，许多有机过氧化物必须冷藏，以控制储存中过氧化

物缓慢分解产生的热量。一些材料，诸如丙烯酸，必须在特定温度范围内。如果温度太高，丙烯酸自聚合速率会增加，反应热不会消散得足够快，从而无法控制。如果让它冷却，添加的抑制剂会分离出来，在材料熔化的过程中引发不可控制的反应。

其余部分给出了查找图4.2所列数据的建议。附录A中列出了其他数据源和汇编：《Guidelines for Safe Storage and Handling of Reactive Materials(安全储存和处理指南和反应性材料手册)》(CCPS 1995b)，包括MSDS服务。图4.3显示了一个例子硝酸铵可能含有的成分。

CAS编号	6484-52-2	名称[①]	硝酸氨，颗粒
NFPA不稳定率	3	反应方程式	NH_4HO_3
氧化剂?	是	形成不稳定的过氧化物?	否
水反应?	否	自燃物质?	否
聚合反应?	否	需要抑制剂?	否
分解反应?	是	冲击摩擦或者敏感性?	见下文
对热敏感?	是	需要温度控制?	是

不相容性? 油；药用炭；其他有机材料；粉末材料；还原剂；强酸；次氯酸钠；烷基酯

反应产品? 分解/可燃：氮氧化物、氨

反应速度? 如果加热或者化合反应会爆炸

一定量的数据(起始温度、反应热、最大压力升高等等)可能后来需要。

① 也包括组分、浓度范围和稀释液体，视情况而定。

图4.3 硝酸铵化学反应数据

4.2.2 来自制造商或供应商的数据

化学反应性数据的第一个来源应该是材料制造商或供应商/经销商。一些制造商和供应商编写了小册子或其他产品说明书，内容更加广泛，提供了比材料安全数据表(MSDS)更多的信息。你应该询问是否有此类信息，并索取最新的副本版本，包括不在MSDS上的任何附加信息，而这些信息将帮助你管理危害。其他来源的化学反应数据是可用的，应进行咨询，尤其是当供应商的信息似乎不完整、可疑或矛盾时。

如果你向其他人供应化学品，不管你是制造商，还是零售商，你显然需要向你的客户提供他们需要的数据，以安全处理任何反应性材料。不要不分青红皂白地使用发布的数据，如果可能的话，应追踪和理解原始来源。如果可用的数据来源有问题，或者你自己的经验表明可能有必要进行测试，可能需要执行你自己的测试。你的客户可能会将你视为关于产品的信息和数据的最佳来源。

当一个人不知道某一特定产品时，可以通过全国范围内的紧急响应和咨询服务获得某一个制造联系人。这些包括表4.2中列出的服务。其他服务也可以提供，例如《2000 Emergency Response Guidebook(应急指南2000年)》中列出的那些信息(DOT 2000)。

表4.2 中北美地区紧急响应或求助服务

国 家	服 务	主管部门	电话号码
加拿大	CANUTEC(加拿大运输应急响应中心)	加拿大运输部危险商品运输局(Transport Dangerous Goods Directorate of Transport Canada)	613-992-4624 (非紧急信息线)
墨西哥	SETIQ(化学工业应急运输系统)	墨西哥全国化学工业协会(National Association of Chemical Industries, ANIQ)	01-800-00-214-00(墨西哥); 5559-1588(接受来自墨西哥城的和其他地区的大都市)
美 国	CHEMTREC®	美国化学委员会(American Chemistry Council)	1-800-424-9300

4.2.3 材料安全数据表

美国职业与安全卫生管理局(OSHA)要求现场携带的每一种有害化学品都要有一份物质全数据表(MSDS)，其中列出了危害成分，包括了关于反应性危害的内容。然而，在使用MSDSs来识别化学反应性危害方面是否存在一些重大限制：

① MSDSs通常包含最明显的化学反应活性危害。然而，不能依赖它们来提供完整的信息，特别是实际工艺条件下的化学不相容性的化学反应性。

② MSDSs只为单个材料提供化学反应性信息。有意或无意地将材料结合在一起可能会产生一种反应性混合物，其性质在任何单独的文献中都没有描述。

③ MSDS数据可能仅涉及环境和火灾条件。如果材料在不同的或不寻常的情况下处理(例如在高压或富氧大气中)，数据可能是无用或误导的。

④ 催化剂或杂质的存在会显著影响许多材料的化学反应性能，特别是化

学反应试剂易分离或者易聚合。

⑤ MSDS化学危害信息可能在以下几个方面有很大差异。美国环保署(EPA)发布的安全警报显示，来自4家不同供应商的谷硫磷MSDS数据之间存在显著差异。谷硫磷是一家农业包装工厂生产的一种杀虫剂。该农药曾经发生严重爆炸事故，造成三名消防员死亡，一名消防员严重受伤(EPA1996b)。因此，向每个受信任的供应商索取数据，并确定你使用的MSDS是最新版本。

⑥ 如果你经营混合、定制或反应材料的业务，你把你的产品卖给其他人，那么原材料供应商MSDSs一般不属于你的产品。你有责任为你的员工和客户提供材料安全数据。在这种情况下，你可能需要执行自己的化学反应测试(4.4节)，以确保你告知的产品信息完整和准确，以及以便你利用这些信息安全地储存和处理产品。你的原材料供应商可能会提供帮助信息。1995年Napp技术公司(Napp Technologies)(EPA 1997)的爆炸和火灾，作为附录A的简要历史记录，就是一个例子。

混合材料不具有与单个MSDSs相同的危害特性，材料供应商应提供MSDSs。通过网上检索，通常会发现大多数商业上可用的危险物质的MSDSs，但必须记住上面列出的限制以及技术和法律责任。一些公司以标准格式提供MSDSs的服务。

此外，行业协会也是详细和最新安全信息的极好来源，比如环氧乙烷和丙烯酸单体。例如，可以通过访问www.cefic.be/sector/eodsg/guide9701/eo.htm. Anethyleneoxideindustry检索到欧洲化学工业理事会(European Chemical Industry Council)发布的指南，其中就有关于环氧乙烷的指导文件。环氧乙烷工业安全网页可以在www.ethyleneoxide.com上找到。

4.2.4 国际化学品安全卡和NIOSH袖珍指南

在与欧洲共同体委员会(Commission of the European Communities)的合作范围内，国际化学品安全方案(International Programme on Chemical Safety, IPCS)正在制定简要的“车间”安全数据摘要，称为“国际化学安全卡(International Chemical Safety Cards, ICSCs)”。ICSCs包括一般化学反应性危害信息。这些卡片有多种语言可供选择，有两种英文版本(“国际英语”和“美式英语”)。它们可以从美国疾病控制和预防中心(CDC)获得：www.cdc.gov/

niosh/ipcs/icstart.html。在《NIOSH Pocket Guide to Chemical Hazards(NIOSH化学危害袖珍指南)》(NIOSH 2001)中也有类似信息。NIOSH袖珍指南的在线版本可从CDC网站下载: www.cdc.gov/niosh/npg/npg.html。

4.2.5 NFPA文件

美国国家消防协会(National Fire Protection Association, NFPA)的4份文件包含了化学反应数据, 都包含在《Fire Protection Guide to Hazardous Materials, 13th Edition(危险材料防火指南, 第13版)》(NFPA 2002)之中:

① "NFPA49"《危险化学数据(Hazardous Chemical Data)》简要概述了具有商业意义的化学品的稳定性和反应性危害。NFPA49健康危害等级为2级及更高, 或者不稳定性等级为1及更高(炸药、爆炸物和有机过氧化物制剂除外)。这些数据在指导储存和消防技术方面有一定的指导意义。

② "NFPA325"《易燃液体、气体和挥发性物质的火灾危险性(Fire Hazard Properties of Flammable Liquids, Gases, and Volatile Solids)》, 给出了NFPA不稳定性等级和水反应性的指标。

③ "NFPA432"《有机过氧化物制剂配方的储存(Storage of Organic Peroxide Formulations)》, 提供了有机过氧化物制剂的分类系统和储存要求。

④ "NFPA491"《危险化学反应(Hazardous Chemical Reactions)》, 包括超过3500种有害的或潜在的危险化学反应。

4.2.6 布雷瑟里克手册

布雷瑟里克(Bretsherk)的《Bretherick's Handbook of Reactive Chemical Hazard(布雷瑟里克反应性化学危害手册)》(Urben1999年)简要概述了许多事故的公开报道, 这些事故涉及反应性化学物质和相互作用。布雷瑟里克手册包括超过5000种材料的反应性信息, 另外还有一些涉及两种或两种以上材料之间相互作用的次要目录。布雷瑟里克手册也有电子版。

4.2.7 CHRIS数据库

美国海岸警卫队在线化学危害反应信息系统(CHRIS)包含一个化学品数据库, 其中有一个特定的章节描述了数据库中每种材料的化学反应性。该节中列出的项目是水反应性常用材料、运输过程中的稳定剂、阻聚剂, 以及用于酸、腐蚀剂、聚合的中和剂。其他部分包括海岸警卫队相容性组、配方、火灾行为、储存温度、NFPA危害分类、分解热和聚合热。一个单独的相容图表明了一般化学品物质(有机酸、硝基化合物等)之间预期的不相容。一个单独的表中列出的例外数量有限。应该记住这一点，这个数据旨在提供决策所需的信息，以便在危险化学品水路运输过程中发生紧急情况下供海岸警卫队人员进行决策。

4.2.8 NOAA化学反应工作表

美国国家海洋大气管理局(NOAA)免费提供化学反应性工作表项目(NOAA 2002)。这个项目数据库中有超过6000种化学物质，包括许多常见的化学物质混合物和溶液。对于每种物质，这个数据库给出一般描述和化学特性，以及特殊的危害(如空气和水的反应)。例如，醋酸酐的化学信息如图4.4所示。

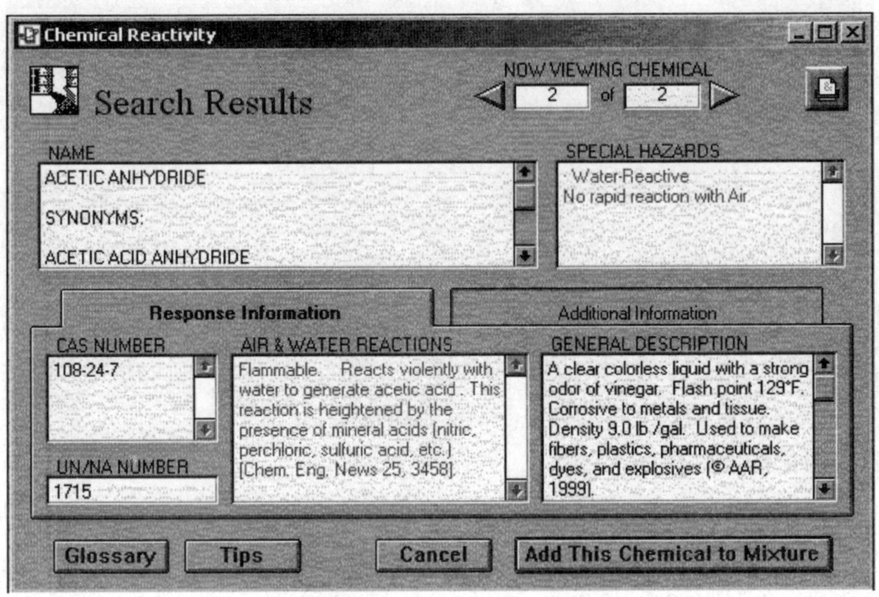

图4.4 NOAA化学信息工作表示意

该程序通过反应性群组合预测二元混合物的结果。工作表不仅指出了可能的危害相互作用，还建立了相容性图表，并指出了相互作用的潜在问题(例如：化学反应产生的热量可能引起增压)。工作表没有预测反应产物，尽管它可能暗示易燃或有毒气体的产生。图4.5显示了乙酸酐和氢氧化钠(苛性碱)混合的相容性图。

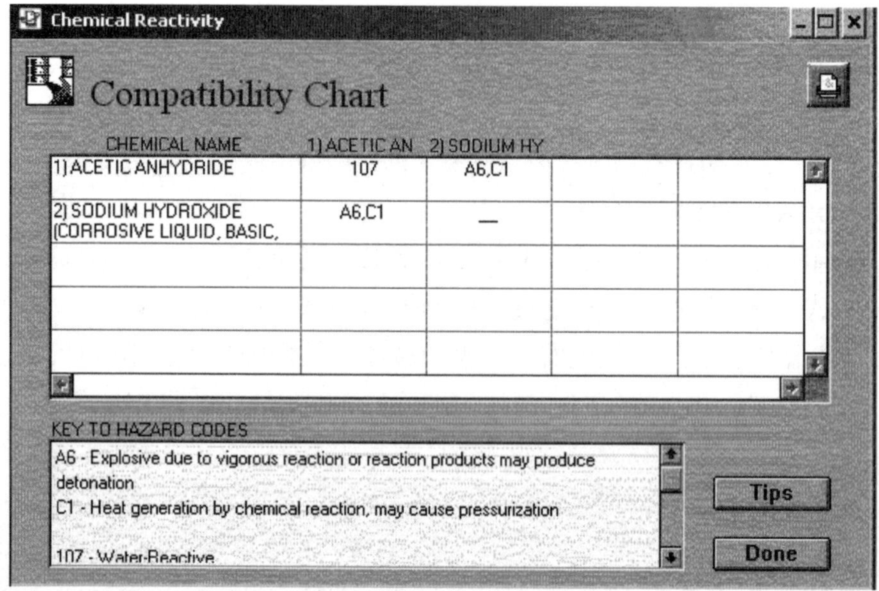

图4.5 工作表相容性图示意

4.2.9 Sax

三卷本的《萨克斯工业材料危险特性(Sax's Dangerous Properties of Industrial Materials)》(Lewis和Irving 2000)包括了关于在工作场所可能遇到的物质的危险信息。它有超过20000个条目。然而，其中反应性和不相容性信息往往是相对简短的。该书也有电子版(Lewis 1999)。

4.3 识别化学反应性危害

除了使用第3章的初步筛选方法，以及迄今为止从4.2节所列来源获得的反应性信息之外，应该至少开始对在实际装置或拟议装置中可能存在的化学反应性危害给出一个定性的概念。然而，缺乏特定信息并不意味着不存在危害。因此，在实际生产过程中如何使用材料的背景下，系统地寻找以确定所有化学反应性危害，是有效地管理化学危险的下一步。如果一种特定危害没有被发现，就不太可能得到充分的控制。

4.3.1 文献调查

除了从4.2节所列来源获得的信息外，系统地寻找所有化学反应性危害，应首先对将要使用的化学物质和将使用的处理方式进行文献调查。文献调查可能会发现定量的危害数据或以前的事故。其他有用的信息，例如标准实践或模型预防程序，也可能会被发现。

化学事故报告中心(Chemical Incidents Report Center, CIRC)是由美国化学安全和危险调查委员会(U.S. Chemical Safety and Hazard Investigation Board)发起一个事故数据库。对这个数据库(www.chemsafe.gov/circ)进行在线搜索，都可能是进行文献调查的好起点。

4.3.2 反应热

对化学反应性危害反应热进行系统研究的下一部分是对固有的化学能及其释放的条件的理解。

化学反应性危害的一个有用的指示是反应的热量。对于某些反应类型，反应热有以下方式的名称：分解热、燃烧热或聚合热。

如果在公开的参考文献中找不到，反应热可以根据反应物和产物形成热的差异来计算，如任何大学化学教科书中所述。计算的准确性显然取决于对反应产物、反应路径和基础热数据的准确性。任何相态变化(溶液热、汽化热等)也必须加以考虑。不考虑这些相态变化会对计算产生显著影响，并可能导致错误的“安全感”(HSE 2000)或对危险的高估。

可以通过其他方法估计近似的生成热，比如对平均键能求和的计算。例如，ASTM CHETA程序(Balaraju et al 2002)等计算机程序可用于这些类型的计算。这些程序可能需要专业知识来理解和解释。

反应热量越大，说明有更大的潜力发生更剧烈的不受控制的反应。反应热可以用来预测反应混合物中预期的最大温升。一个典型的假设是反应热的能量提高了混合物的温度。将最高温度上升加到最高预期的起始温度，也可以让人知道是否有其他可能的后果，例如蒸发量增加或液体热膨胀引起的分解反应或超压。然而，应注意的是，分解或失控反应可能发生的温度随材料储存的条件变化而变化。绝热温升也可能被低估，特别是如果没有考虑到任何相态变化或副反应的变化(HSE 2000)。

4.3.3 为什么反应热不能揭示风险

化学反应事故不一定是剧烈的火灾或爆炸。实际上，不可控的反应可能是缓慢的或开始缓慢的反应，但仍然会造成伤害、损失或环境破坏。作为鉴别化学反应性危害的有用数据，反应热(热力学计算)不能提供风险信息：

① 实际发生哪些反应；

② 反应动力学(化学反应进行得多快，产热速率和废气排放)；

③ 反应是否进行完毕；

④ 额外不需要的副反应，包括分解；

⑤ 反应周围环境的热惯量。

由于化学反应途径的多样性，不存在一般规则或简单的答案来通晓不可控化学反应的潜在后果。表4.3给出了氧化剂作为一个特殊的化学反应物的潜在后果。从国家海洋和大气局(NOAA)化学反应工作表中列出了一些将不相容的材料混合在一起可能会发生的一些常规后果(见表4.4)。

表4.3 存储氧化剂的危害

1	提高可燃物的燃烧速度
2	能够导致可燃物自燃
3	能迅速分解
4	能释放有害气体
5	能自我持续地进行分解，从而导致爆炸
6	如果将不相容物质在可燃条件下混合，会发生爆炸性反应

4.3.4 化学反应结构和化学键

某些类型的分子团比其他种类更可能显示化学反应性。例如，《Bretherick's Handbook(布雷瑟里克手册)(Urben 1999 2: 129–131)列出了许多倾向于对物质或物质混合物产生爆炸不稳定性的化学键和官能团。

趋势表明，相同原子(除了碳)或具有双键(或三键)的碳原子的基团可能是有害的(Leggett 2002)。存在的键应变越多，势能释放越大，化学反应性危害性就越有可能存在。具有显著正极反应热结构形成的吸热化合物(即由吸热反应产生)通常是自反应性的，并且能够不受控制地释放储存的化学能。确定这种材料在给定温度下的反应速率，活化能很重要。以下方面还存在怀疑：

① 碳-碳双键不在苯环中(例如乙烯、苯乙烯)；

② 碳-碳三键(如乙炔)；

③ 含氮化合物(NO_2基团、相邻的N原子等)；

④ 氧-氧键(过氧化物、过氧化氢、臭氧化物);

⑤ 环状化合物只有3个或4个原子(例如环氧乙烷);

⑥ 含金属和含卤素的复合物(金属雷酸盐、卤化物等)。

表4.4 NOAA化学反应工作表中的化学反应后果(NOAA 2002)

A1	干燥时爆炸
A2	受冲击、摩擦、火灾或其他火源有爆炸危险
A3	形成非常不稳定的爆炸性金属化合物
A4	外部加热可能引起爆炸
A5	可能形成爆炸过氧化物
A6	因剧烈反应引起爆炸或反应产物可能导致爆炸
A7	与氧化性物质混合时发生爆炸
A8	与可燃物料混合时发生爆炸
A9	化学反应产生的热量可能引发爆炸
B1	可能引起火灾
B2	与易燃材料接触可能引起火灾
B3	在空气中自燃
B4	放热反应引起的火灾——产品或反应物的燃烧
B5	可燃气体的产生
B6	易燃、有毒气体的产生;引起增压
C1	通过化学反应产生的热,可能导致增压
C2	因热溶解产生的热量是危险的
D1	产生热/有毒或易燃气体的剧烈聚合反应或爆炸反应;导致增压
D2	在使用中会变得高度易燃;导致增压
D3	与物质接触释放有毒气体;导致增压
D4	无害和不易燃气体的产生;导致增压
D5	与酸接触产生助燃剂(例如氧气)
E	生成水溶性有毒产品
F	未知的可能危险
G	反应可能剧烈或激烈
H	可能暴露于辐射

其他方法,诸如氧平衡,可表现出具有自反应性的化学物质。在CCPS(1995b)和其他文献描述了这些方法。美国材料实验协会(ASTM)的化学品热力学和能量释放评价程序(CHETAH program)(Balaraju et al 2002)可用于此目的。

4.3.5 交互矩阵(相容性图表)

二元化学相容性的准确评价是工业化学品安全装卸、运输和生产的重要组成部分。表示二元化学不相容性的最常用和最方便的方法是用一个简单的二维图表或矩阵。对于新老员工，二元相容性图表是一个非常有用的教学工具。

在理想状态下，将所有相关的混合物(包括普通清洁剂、空气、水、热、建筑材料、添加剂、催化剂、其他公用事业服务等这样的实体)列在坐标的X轴和Y轴上。矩阵中的单元的交叉点表示每个混合组的重要性。以图表形式呈现数据允许快速使用，尤其是在工艺混乱(即紧急情况)的情况下。

电子表格程序可以用来捕捉和显示图表信息。然后，所有参与共同操作的人通过网络服务器可以查看该图表。使用NOAA(2002)提供的化学反应性工作表自动生成相容性图表，如图4.5所示。

表4.5给出了编制相容性图表的一些常规指南。霍夫利奇等(Hofelich et al 1994)、CCPS(1995b)和弗鲁普等(Frurip et al 1997)提供了更多详细的信息。莫斯利等(Mosley et al 2000)完成了一个化学反应系统实例。

表4.5 编制相容性图表的指南

场景说明	场景是指事件序列的详细物理描述，由此可能发生潜在的无意的材料组合。诸如材料、温度、约束(封闭或开放系统)以及材料的接触时间等细节有助于相容性的定义
制定一个危害等级方案	例如，数字“1”表示相容的混合物，数字“2”可能指示中度危险(例如温度升高)，数字“3”可能指示严重危害，而“？”可以表示未知，指示必须获得更多信息
考虑所有二元组合的危害	需要仔细考虑每一种二元混合物的潜在危害。在相容性图表中避免出现空白(空单元)，因为空白可以指示没有危险，或者简单地说是未知的危险
定义类别	为图表定义类别是构造图表的重要组成部分。对于小的工厂和操作间，包括每个特殊的化学物质，并且图表的尺寸仍然可以控制的。对于更多的“一般”相容性图表，构造图表的最佳方法是根据化学结构将化学品进行自然分组。这些分组包括无机酸、脂肪族胺、单体、水基制剂、卤代烃等
如何记录结果	备份和支持数据应易于访问，既方便图表用户使用，也允许进行简单的图表更新。如果对图表中的特定二元组合进行测试，则在图表中可以引用此测试

ASTM(E2012-00)开发了一个“制备二元化学相容性图表标准指南”。在图4.6中再现了ASTM E 2012-00中给出的假设示例，没有描述与此示例相关联的特定混合方案。

表3.8所示的方法在化学相容性图表中捕捉和记录特定混合方案和条件

被评价为有效的方法。应该注意的是，二元图表只考虑“两两材料组合”，因此不包括所有可能的组合。例如，催化物质的存在可能导致其他相容性材料之间的反应进行得足够快，所引起的后果需要关注。这是为什么在开发混合方案进行评估时应该鼓励广泛思维的原因之一。

物质

1	盐酸(35%)	1					
2	硫酸(90%)	R[1]	2				
3	乙 酸	?[8]	R[2]	3			
4	乙 醛	NR[3]	R[4]	NR[15]	4		
5	乙二胺	R[5]	R[6]	R[7]	NR[12]	5	
6	水	R[9]	R[10]	NR[11]	NR[13]	R[14]	6

图例：

R	在不相容情况下的反应活性。
NR	在不相容情况下的非反应性。
?	未知的——假设不相容，直到获得进一步的信息。

脚注/信息来源：

1 不太相容——USCG图表NVC 4-75显示一种非氧化酸加硫酸的危险。混合热可能是显著的。
2 不太相容——P168图显示了气体和热量的形成；USCG图NVC 4-75显示硫酸和有机酸混合时的危险性。
3 常温下伯醇不与盐酸反应。
4 随着反应生成硫酸氢乙酯的溶解热。
5 实验室980001(50/50混合)实验导致显著的中和热。
6 实验室980002(50/50体积混合)实验导致XXX摄氏度的绝热温升。
7 由于酸/碱中和热，有机酸和胺通常是不相容的。
8 P168和USCG图表示没有危险；最有可能相容，但应进行实验室测试。
9 混合热在某些情况下可能是一个问题，最大绝热温升是XX摄氏度(参见XYZ化学技术百科全书)。
10 混合热在某些情况下可能是一个问题，最大绝热温升是XX摄氏度(参见XYZ化学技术百科全书)。如果水加入到酸中，伴随着飞溅发生剧烈反应。
11 实验室98005实验表明，在室温下混合乙酸和水是吸热的。
12 实验室98005和98008实验表明，材料在混合时不会产生热或气体，也不会加热到100℃。
12 虽然USCG图NVC 4-75表明一些醇和胺是不相容的，但已经发现乙二胺与许多醇相容，这可参见USCG指南的附录。
13 实际生产经验表明材料是相容的。
14 温和放热水合物形成。
15 非常缓慢，接近热平衡，在环境温度下酯化反应平衡受限。

图4.6 假设相容性图表(ASTM International授权)

4.3.6 评价外在因素

化学反应性危害是否存在不仅是每个化学反应(本身和组合)的作用，而且是各种外在因素的作用，即被处理的化学品的非本质特性的因素。随着设备设计的发展，将对这些因素作出决定。而这些因素会影响化学反应性危害的大小，如果失去控制，则会产生潜在的后果。部分外在因素包括以下方面：

① 储存或处理的材料数量；

② 材料的结构(例如颗粒大小)；

③ 温度和压力等工艺条件；

④ 混合程度；

⑤ 稀释剂、污染物或催化剂的存在；

⑥ 限制程度；

⑦ 容器(压力等级、气相体积、正常排气流量)；

⑧ 设备布局以及与敏感人群和环境的距离；

⑨ 不相容材料的分离，包括专用设备和连接件的使用。

4.4 化学反应测试

在进行任何详细测试之前，必须了解你的工厂中使用何种化学品。只有诸如反应热和安全操作温度等数据不能从其他来源获得时，才需要进行定量反应性试验。例如，在仓库中没有进行化学或物理加工时，材料供应商可以提供足够的存储材料热稳定性数据，以确定诸如最大允许存储温度等参数。

当你进入必须要进行反应测试的情况时，知道要测试什么、什么时候该做什么测试、测试的局限性，以及如何解释和使用结果，对于工作是必不可少的。CCPS(1995a)提供了一个测试方法的全面论述。其他参考文献(CCPS 1995b; Leggett 2002)介绍了控制反应筛选试验的方法。

4.4.1 解析筛选数据

测试设备和程序的选择和使用，特别是对结果的解析，需要能胜任的人。一些大公司有自己的测试装置，同时也有许多测试研究所和咨询公司可以使用。反应性筛选试验的结果将给出初步的指示：

① 热分解的可能性；

② 放热量和放热速率；

③ 释放气体；

④ 诱导时间效应(自催化)，例如长时间贮存后热不稳定性的发展；

⑤ 高速分解(表明某物质可能会爆裂)；

⑥ 特殊的危险性，如水反应性、摩擦敏感性和冲击敏感性。

表4.6提供了反应性试验方法和结果的一个总结。在下面的段落中，简要描述了一些化学反应性测试方法(HSE 2000)。

表4.6 反应危害试验方法综述(Leggett 2002)

危害试验阶段	方 法	典型信息	说 明
危害筛选	桌面计算	反应焓ΔH_{RXN}	需要形成能量数据或推导；必须知道精确的化学计量；已知反应，无速率信息
	混合热量测定法	瞬时混合热ΔH_{MIXING}；气体产生率	等温线，从环境温度到150℃；不能测试多相系统
	示差扫描量热法(DSC)/差热分析(DTA)	反应焓ΔH；反应起始温度T_{ONSET}	非常快(2h)，需要很少；没有混合，没有压力数据，没有多相，虽然一些系统通过旋转样品容器来混合样品；难以获得代表性混合物
	绝热筛选	$\Delta H_{UNDESIRED}$，T_{ONSET}，ΔT_{ADIAB}；P, T, t, dP/dt, dT/dt；简单动力学E_A, A	样品约几克；快速合理的测试(约0.5天)；低/中速搅拌样品；按比例扩大不可靠(高ϕ因子)
开发需要的反应	反应量热法	$\Delta H_{DESIRED}$，功率输出，传热速率累计X_{AC}	通常0.1～2L的规模；模拟正常操作；按比例安全放大基本信息；对工艺开发非常有用
详细的危害评估	低热惯性(ϕ因子)绝热式热量计	$\Delta H_{UNDESIRED}$，T_{ONSET}，ΔT_{ADIAB}；dP/dt；dT/dt；T_{SADT}，T_{NR}，t_{MR}；估计通风孔尺寸数据	样品规模为100～1000mL；一般实验室作业安全；大规模逃生模拟；假设理想方案的研究
专题研究	高灵敏度量热法	$\Delta H_{DESIRED}$，$\Delta H_{UNDESIRED}$，dT/dt；ΔT_{ADIAB}；动力学E_A, A	样品规模为1～50 mL，灵敏度为μW/g；加速老化的保存期研究；结合低绝热法确定固体低自升温率研究

4.4.2 爆燃筛选试验

一个经验丰富的化学家可以在一个有适当保护措施护的实验室进行一个简单的实验，以证明爆燃的可能性。这是把少量的(不超过几毫克)的物质滴到热板上，或者在铲子上加热到在工艺或设备上预期的温度。快速分解或燃烧表明该物质能够爆燃。有机过氧化物和化肥的分类已被定义为更标准化的UN爆燃试验。

更复杂的易爆性测试需要咨询专家和使用专业的装置。如果你的计算或测试显示出潜在的爆炸性，那么在你对其性能作了详细的评估之前，你不应该进一步继续使用该材料。

4.4.3 小规模筛选试验

可以使用许多小规模的测试方法(0.01～10g样本大小)用来给出指示：热和

气体释放的速率和数量，是否会发生失控反应，以及就热和气体释放速率失控而言的后果如何。

这些测试包括差示扫描量热法(DSC)和不同形式的差热分析(DTA)：绝缘放热试验(IET)、分解压力试验(DPT)和卡里乌斯(或ICI)封管法。这些测试的商业变体是可以用的。

4.4.3.1 差示扫描量热法

差示扫描量热法(DSC)可用于指示反应物、反应混合物或产物的热稳定性，以及反应或分解的热。样品的温度轨迹表明热是通过波峰、波谷或不连续地吸收或产生的。该轨迹给出释放能量的总量(即迹线面积测量决定反应热或分解热等)和释放速率的估计(通过测量峰值的斜率等)。总能量和能量释放最大速率都是危险程度的指标。

如果已经获得了纯材料或反应混合物的DSC数据，可以从数据中估计出几个热稳定性指标(ASTM E 1231–96)，包括绝热温升、爆炸势能、瞬时功率密度、最大速率时间以及NFPA不稳定性指数(Leggett 2002)。

4.4.3.2 绝缘放热试验

该试验可用于初始放热的早期检测，有可能估计热动力学参数(例如活化能和绝热自热率)，并估计自反应的初始温度如何随存在材料的数量而变化。

4.4.3.3 分解压力试验

分解压力试验(DPT)可用于确定在分解反应中发生的压力特性和气体生成速率测试的输出是一个压力时间曲线，可以用来确定分解反应中产生的气体的体积。

4.4.3.4 卡里乌斯(或ICI)封管法测试

这个测试存在许多变化。烘箱温度呈线性增加。连续监测烘箱内样品试管输出的温度和压力提供了关于样品热稳定性的定性信息。在许多情况下，压力数据也能产生有价值的信息。在P对$1/T$的曲线图中任何间断表明不凝性气体的产生。如果压力增加仅仅是由于蒸气压，则曲线通常是直线。

4.4.4 反应量热法

由于化学或物理过程作为过程时间的函数，可以直接测量非爆炸性反应系统的瞬时热输出。在化学反应过程中，这一数值直接反映了是否发生化学转化及转化的速度。这种方法不仅是安全角度，而且对于工艺流程的设计和优化是有用的。

从测得的热产生率可以获得重要的用于安全过程控制的量，例如在故障情况下所需的热量排除率以及预期的温度和压力变化。需要研究对反应动力学、产热速率和产生气体的影响。诸如搅拌速度、搅拌器配置、结构材料、添加速率的变化、反应物浓度和保持时间等因素都会影响这些速率。需要确定任何可预见的误操作过程的影响。在设计和实施这种规模的实验时，考虑安全是很重要的。

实验热量测定方法已被开发出来：

① 全面模拟反应物添加速率、批次温度、时间分布和工艺条件(例如搅拌、蒸馏、回流沸腾等)；

② 包括任何其他增热或热损失(例如来自搅拌器的能量输入、冷凝器的热损失等)；

③ 测量在反应过程中物理性质变化(黏度、比热、沉淀等)的影响。

因此，可以从这些测试中获得的数据，这将确定全部工厂装置的安全操作范围，包括反应热、比热容、产热率、反应混合物的传热性能、反应物浓度对反应动力学的依赖性、影响积累或产热速率的因素(温度、催化剂、pH值等)以及气体产生的数量和速率。

通常用于安全评估的两种基本类型的反应量热计是等温的(包括热流和功率补偿量热计)和绝热的。

4.4.4.1 等温量热计

热流式量热计模拟工厂反应器的运行情况，以与生成速率相同的速率除去反应热导致恒定的反应温度。反应器与容器夹套之间的温差可以衡量热量产生的速率。

在功率补偿量热计中，夹套温度设置略低于所需的反应温度。反应物料中的加热器保持设定温度。反应物料中的加热器可以保持设定温度。加热器的电功率的改变可以补偿反应温度的任何变化。这提供了直接测量由化学反应产生的热量。

通常，等温量热计用于测量间歇和半间歇反应中的热流。它们还可以测量反应产生的总热量。通过仔细设计，量热计可以模拟加料速率、搅拌、蒸馏和回流等过程变量。它们特别适用于测量半间歇反应中未反应物质的累积量。

4.4.4.2 绝热式热量计

有许多不同类型的绝热量热计。杜瓦(Dewar)量热是最简单的量热技术之一。虽然简单，但它产生了在绝热过程中产生热量的速率和数量的精确数据。杜瓦量热计使用真空夹套管。该设备可以很容易地适应于模拟工厂设备。它们可用于研究等温半间歇反应和间歇反应，并且它们还可用于研究以下领域：误充电的影响；发生不受欢迎的反应的温度范围；不受欢迎的反应动力学(包括自催化)。

用不锈钢瓶代替玻璃杜瓦瓶，可以研究产生压力的反应。这种设备需要放置在一个可以远程操作的防护装置中。将杜瓦瓶放在一个温度控制在反应质量之后的烘箱中，可以研究近绝热条件下的反应。

除了绝热杜瓦之外，市场上可以买到的一些绝热热量计，可以允许紧急情况下系统规模卸压。这些包括伪绝热反应系统筛选工具(RSST、ARSST)、紧急排放测试仪(VSP、VSP2)、绝热反应量热仪和自动压力跟踪绝热加速量热仪(APTAC)。

绝热加速量热仪(ARC®)是另一个绝热的测试仪器，可用于小样本测试。ARC带有夹套密封的设计可以处理爆炸化合物。它是一种灵敏的仪器，可以显示出反应混合物可以精确模拟的放热现象的发生(HSE 2000)。ARC测试结果可用于确定最大分解速率的时间，以及计算容器的无返回温度或容器具有的特定散热特性。有关ARC的进一步信息和参考资料载于CCPS(1995a)和Urben(1999)。

4.4.5 决定点

此刻需要作出决定，是否产生了足够的信息来评估与装置有关的化学反应性危害。如果没有，那么在评估风险和识别控制之前，需要重复前面4.2～4.4节中列出的一些步骤或所有步骤。

4.5 评估化学反应性危害

在确定和理解化学危害的程度(4.2～4.4节)后，并且在设施设计或目前正在运行的范围内，可以分析设施特定的风险。

风险，在这种情况下，是将化学反应性危害失控的可能性和严重程度结合在一起，并考虑到预防和减轻防护措施。

评估风险的目标是建立在化学反应性危害的知识基础上，以了解危险属性如何可能导致装置环境中的损失情况，并决定现有的安全防护措施是否足够。因此，风险评估可以在装置设计、开发、运行或改造的任何阶段进行。当然，对装置及其设备和操作了解得越多，风险评估就越详细。根据需要的目标和数据不同，用来确定化学反应风险的方法也各不相同。

4.5.1 后果评估/确定适当的设计依据

为建立设计基础的后果评估不同于在风险分析研究的背景下进行的后果评估(参见下文的“定性和定量方法”)。一个定性的或半定量的(数量级的)严重后果评估可以用于后者。

相比之下，证明某些事故场景的性质可能会对某些设计参数相当敏感。在风险评估阶段，特别是在详细设计阶段，不应排除在后果分析阶段发现的可能导致装置或某些设备、部件基础设计的修订。

可能需要分为两类进行详细的分析：

① 内部系统事故建模(例如内部反应和物质行为)。例如，可以确定某种不希望发生但潜在的反应可能导致通过储存容器或混合容器的安全阀的两相流动。如果在系统设计中没有提前预测到这种流动，则安全阀设计基础必须更新，阀门也必须相应地进行更新。

② 外部系统事故建模(例如系统的潜在释放)。例如，最大预期库存可能会被有意地限制在不会对现场有任何影响以下。CCPS(1996b)对这类分析进行了全面的讨论。

在分析过程中，为了达到研究的目的，可能需要更多的数据。如果是这样，那么4.2~4.4节中描述的活动可能需要重新进行。

4.5.2 信息源——在哪里获取输入

风险评估研究可以使用任何可用的过程来完成(CCPS 1992a)。显然，获得的信息和知识越多，风险研究就越彻底，就越有价值。对于必须满足工艺危险分析法规要求的装置，在开始分析之前，需要对某些工艺安全信息(PSI)进行编制和更新。

实际上，用于执行风险研究的信息在工艺过程的生命周期中是不同的。在工艺开发的早期阶段，分析团队只能获得基本的化学反应性危害数据，例如可以从供应商和文献资源中获得。当一个装置进入详细设计阶段时，应获得大部分的基本设计和操作信息，并应用于对装置危害和风险的任何研究。

分析团队成员提供的经验基础与用于识别和评估可能发生事故情况的书面过程文件一样重要。团队成员需要估计某些故障发生的频率，以及如何对特定的麻烦情况实现有效的反应。

故障和事故数据库可为用来为各种组件提供通用的或工业范围内的故障率和计划故障概率。这些可用于评估无操作经验的新装置的风险，以及评估操作中的船舶机械故障等罕见事故的可能性，并进行全面定量的风险研究。

4.5.3 定性与定量方法

已经开发了许多适合于评估涉及化学反应性危害装置运行相关风险的方法。表4.7总结了更常用的方法。它们在适用性、努力程度和识别事故情景的系统性方面存在差异。除了“保护分析层(LOPA)”之外的所有方法可以用于定性分析，并且除了检查列表所述之外的所有方法，至少可以用于半定量分析。CCPS(1992a)给出了每种方法的基本信息来源。

故障树分析(FTA)和事故树分析(ETA)是最常用的定量分析方法。由于这些方法仅针对不希望发生的事故的可能性，因此这些方法通常与CCPS(1999b)所描述的定量风险分析中的后果严重性计算相结合。保护层分析(LOPA)采用半定量、数量级方法，它记录在CCPS(2001b)中的工作实例中。

4.5.4 涉及反应性化学的情景

Mosley等(2000)描述了一种“化学危害分析”方法，类似于在新工艺早期开发阶段应用的危险和可操作性(HAZOP)研究方法。使用典型的HAZOP指南来识别与有意的化学反应的偏差。表4.8显示了使用这种方法开发的偏差和后果的例子。在分析一个基本的化学过程时，其中的化学反应是有意发生的，这有助于确保偏离有意的化学反应的结果是可以理解的。

偏差是不正常的情况，超出了预期的设计和操作范围。表4.8中所示的示例没有说明每一个偏差的可能原因。在涉及理想化学试验的反应系统中通常遇到的其他偏差的例子包括：不给加入任何特殊成分；加料不足或加料太慢；加料太多或加料太快，包括重复加料；过量或延迟添加催化剂；起始温度过高或过低；反应过程中加热或冷却的损失；反应过程中过度或长时间的加热或冷却；如果反应在真空下进行，则真空损失；废气排放不足；pH值或液位控制失效；不充分、延迟或过度搅拌；污染(由前一批留下的材料、泄漏的冷却液、铁锈等造成)；不按顺序添加物料；添加错误的物料；延迟从容器中排放物料。

表4.7 过程危害分析方法

方法	属性	分析是如何构建的	最适合分析哪种类型的过程	综合性	工作相对水平
检查表分析	经验基础	通过清单问题	非常简单和/或完全标准化操作	依赖检查表	低
假设性分析；假设检验/检查表复查	基于场景；归纳	通过假设问题和/或检查表项目	相对标准操作；适用于基础过程和连续操作；管能够开发和分析多种保障方案，尽但大多数适用于更简单的流程	只查看检查表和假设问题所提示的原因	适度
危害与可操作性(HAZOP)研究	基于情景；归纳/演绎	偏离预期操作	具有流量、压力和温度等参数的处理系统；对基于过程的和连续的操作都有好处，可以用多个安全措施分析复杂的过程	只关注识别偏差的原因	较高
失效模式与效果分析(FMEA)	基于场景；归纳	按部件	机电系统；最好分析单个故障的影响，虽然能够开发和分析多重保障方案	查看所有部件的所有故障模式	较高
保护层分析(LOPA)	基于场景；数量级	通过预先确定的方案	过程可能需要独立的保护层，诸如安全检测系统，以满足预先确定的风险标准	依赖于其他方法识别的场景列表的综合性	较高
事故树分析(ETA)	基于场景；归纳	通过引发事故	最适合分析一组受管理和工程控制保护的有限引发事故	查看所有防止引发事故的安全措施	较高
故障树分析(FTA)	基于场景；演绎	不受欢迎的事故	可以分析具有多重安全性和操作员互动的复杂过程	只查看所选定的顶部事故之前的事故	最高

表4.8 化学危害分析场景示例(Mosley et al 2000)

引导词	偏差	结果	评论/行动
没有	不添加催化剂C	当反应物A和B混合时没有反应；如果催化剂C在反应物A和B的全部加料后加入，则会发生快速而剧烈的反应	开发该反应的动力学和热力学数据
更多	高温；大于70℃	在70℃以上的类似体系中也观察到副反应，这种化学反应也可能发生	研究高温下反应的运转状态
以及	锈，以及普通材料	铁或锈污染的影响尚不清楚	确定铁/锈污染的影响

这些偏差中有许多也属于仅进行物理处理的系统。

4.5.5 扩展问题——设备和辅助系统的尺寸

在分析化学反应过程时，特别是在放大和设计阶段，评审小组必须记住在实验室或中试操作中化学系统参数与工业生产中的参数之间的一些显著差异。例如，由于以下原因，反应速率和工艺温度参数通常不直接从实验室规模放大：加热容器的反应热的比例(热惯性，ϕ因子)、热传递极限、混合/搅拌限制、温度梯度、局部加热(例如在反应物的接触点)、废气排放和处理能力。

4.5.6 危险评估小组的资质/要求

化学反应性风险通常采用团队方法评估，而不是由单个分析者来评估。一个团队参与风险分析将有助于实现一个有用的评估，在这个评估中可以给予高度的信心。这是通过将对装置及其系统的不同视角纳入评估以及通过确保分析方法的适用性和深入应用来实现的。根据装置生命周期的阶段、过程的复杂性和分析的目标，团队可以包括：

① 熟悉各种分析方法的人员。

② 熟悉装置中反应性物质的化学和物理性质，以及它们在正常和非正常条件下的化学操作的人员，这对于具有化学反应性危害的装置尤其重要。

③ 熟悉装置操作的人员；如果该装置没有运行历史，那么来自类似装置的操作人员可以被包括在团队中。首选一线人员，因为他们通常对日常操作中使用的工艺设备和程序有最准确的了解，并有强烈的识别和消除危险的意识。

④ 熟悉相关设备维护的人员。

⑤ 熟悉装置或设备的设计和设计基础的人员。

⑥ 根据需要，具有化工工艺、检验、仪器仪表、环境法规以及企业和行业安全标准专门知识的人员。

并非所有团队成员都需要参与整个评审。有些人可能只参加部分会议，其他人可能只是随叫随到，帮助解决具体问题。

该小组必须能够系统地识别化学反应的异常情况，估计每种异常情况发生的可能性，并评估每种情况如果持续失控所带来的后果。该小组还必须能够就现有保障措施不足之处和需要采取风险控制措施达成共识。

4.6 识别过程控制和危害管理选项

可以使用各种措施来减少使用4.5节的方法评估的风险。这些措施可分为本质的、被动的、主动的和程序性四种类型。前两类风险控制策略，即本质的和被动的策略，被认为是更可靠的，因为它们取决于系统的物理和化学特性，而不是仪器、装置、程序和人员的成功操作。本质的策略和被动的策略是不同的，经常被混淆。真正本质上更安全的过程将减少或消除危险(Kletz 1998)，而不是简单地减少其影响。这些类别不是严格定义的，一些策略可能包括不止一个类别的方面(Bollinger et al 1996)。

4.6.1 本质上更安全的替代品

在考虑降低风险的方法时，应始终牢记本质上更安全的方法，例如通过使用危险性较小的物质和工艺条件来降低风险。考虑本质上更安全的替代品的最有效时间点，是在产品、工艺或装置的早期开发阶段。然而，在任何时候，减少库存和寻找危险性较小的替代物质等方法都是必不可少的。本质安全性在2.2节中进行了讨论，附录B中的清单为本质上更安全的替代品提供了建议，特别是涉及降低化学反应性危害的问题(HSE 2000)：

① 是否可以通过使用替代化学物质来消除危险的原料、工艺中间体或副产物。

② 能否替代危险性较低的原材料。

③ 是否已最大限度地减少储罐中所有正在处理的危险物料库存。

④ 处理危险物料的所有加工设备是否按最小库存设计。

⑤ 工艺设备的位置是否能最大限度地缩短危险物料管道的长度。

⑥ 是否可以用危险性较小的原材料就地生成危险反应物，而不是就地储存。

⑦ 对于含有在高温或低温下变得不稳定的物料的设备，是否有可能使用加热和冷却流体限制最高温度和最低温度。

⑧ 是否可以进行设计，使设备因误操作而造成潜在的危险难以或不可能发生。

⑨ 是否可以设置工艺装置，以减少或消除其他邻近危险装置的不利影响。

Hendershot(2002)在处理有意的化学反应时提供了额外的本质上更安全的过程考虑。

4.6.2 被动控制

被动控制通过使用工艺和设备设计特征将危险降至最低。它们在所有设备没有任何主动功能的情况下减少了危险的频率或后果。例如，以堤坝、防火墙、孔板或窄孔管道来控制流量，以及使用额定压力较高的设备。然而，不能忽略可能需要常规检查和维护以保持被动控制的保护性能，并且它们的有效性可能会随着时间的推移而被改变，例如孔板的腐蚀。

4.6.3 主动控制

主动控制使用工程控制、安全联锁和紧急停车系统来检测过程偏差，并采取适当的纠正或补救措施。它们的有效性取决于正确的选择、安装、测试和维护。

对于反应性活泼的化学品的储存和处理装置(如仓库)，工程控制最好在设计和布局期间以及在设备确定之前实施。例如，化学品仓库需要考虑的一些附加工程控制措施：

① 实施自动化产品识别系统进行库存控制。条形码系统可以用有关成分、相容性、存储位置和数量的信息来编码产品。

② 安装检测报警，以提醒工作人员注意接近阈值极限值(TLV)、允许暴露水平(PEL)或其他预设材料浓度的水平。

③ 设计应急通风系统，以捕获有毒、腐蚀性、恶臭气体或蒸汽的逃逸排放物。

用于建筑、产品或环境保护的喷淋保护和安全等系统也可降低风险(CCPS 1998a)。

在控制失控可能导致严重后果的情况下，必须高标准地设计、操作和维护基本过程控制系统和保护性保障措施的完整性。诸如ANSI/ISA–S84.01(1996)和IEC 61508(2000)之类的行业标准解决了如何设计、操作和维护诸如高温互锁之类的安全仪表系统，以实现功能安全的必要水平。这些标准的范围包括硬件、软件、人为因素和管理(HSE 2000)。

4.6.4 程序控制

程序控制(有时称为管理控制)使用操作程序、应急响应和其他管理方法来预防事故或将其影响最小化。换句话说，它们涉及人为干预来控制危害。这种控制的例子是材料取样和分析，以及操作人员对恶劣条件的反应。监督、人员选拔、培训和调度策略都是行政控制的各个方面。处理化学反应性危害时的程序控制包括以下方面：

① 当程序涉及必须正确执行的关键步骤，以防止不受控制的反应的发生时，考虑使用检查表，在检查表中关键步骤或任务完成时签名或草签。

② 应定期对这些程序进行审查和培训。

通过程序控制可以解决化学反应性危害的一个例子，是采取程序预防措施(警告、培训)以确保不相容物质不结合在一起。依赖程序控制的一些替代方案可以是改用相容的化学品或替换不相容的建筑材料。

4.6.5 缓解技术

缓解是指任何旨在减少损失事故后果严重性的设计特征、系统或行动，前提是材料或能量释放失控已经发生(如容器破裂、火灾或泄漏)。因此，缓解技术通常适合特定物质或物质类别。缓解技术的例子包括化学反应失控的紧急冷却、二级安全壳、消防系统、应急响应的各个方面以及泄漏反应措施。

紧急救援系统是最后的安全系统。它们从简单的排气口或消防栓到非常复杂的减压、集管和排出物处理/处置系统。这些系统被设计成在失控化学反应期间限制压力积聚，同时防止蒸汽或气体直接排放到大气中。紧急救援系统设计研究所(Design Institute for Emergency Relief Systems，DIERS)和其他机构在各种反应系统的救援规模方面作了大量工作，包括考虑多相流(Fisher et al 1992)。在涉及化学反应性危害的物理和化学处理系统中设计紧急救援保护时，应参考CCPS(1998 b)等资源。

4.6.6 安全操作界限

无论采用何种降低风险的方法或技术，最终的结果都是一个必须在一定限度内运行的系统。必须建立安全的操作界限，并将其记录在设备或过程文件、操作程序和培训材料中。

对于相对普通或简单的储存和使用装置(例如储存化学品水处理剂的装置)，可以从供应商处获得最高储存温度等限制。在其他情况下，需要综合反应性信息(4.2～4.4节)和危险分析(4.5节)来制定限制。图4.7中的示意图显示了安全操作极限、正常操作范围与设备限制范围之间的关系(Bollinger et al 1996；

Dowell 2001)。应该注意的是，反应系统的安全操作温度和压力可能远低于设备的设计温度和压力。

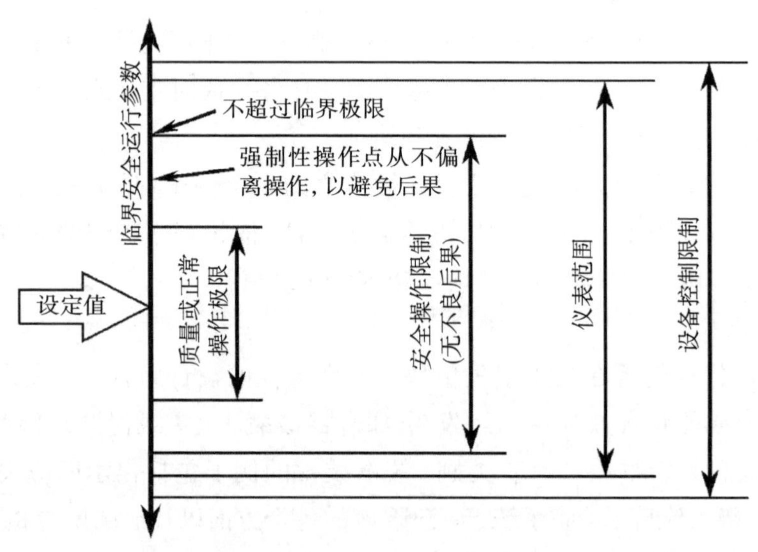

图4.7 操作范围和限制

涉及化学反应性危害的物理或化学过程需要仔细确定装置特定的操作极限，这可能远远超出温度控制。可能需要限制添加量、速率和顺序，搅拌，pH值，电导率，浓度，压力，以及阻止无意的化学反应开始或控制有意的化学反应的其他变量。这些限制的确定超出了本书的范围；查阅有关Barton和Rogers(1997)、CCPS(1995a)和HSE(2000)等参考资料可获得进一步信息。

4.7 记录化学反应性危害和管理选择

获取过程知识和安全信息是多方面管理化学反应风险的基础。然而，仅仅维护真实的设计信息是不够的。用行政程序和控制限制并不总能以充分的理由来解释它们潜在的基础。对于控制和过程，当(生产)需要作出调整，或者操作人员需要应对异常情况时，经常会作出错误的预判。因此，技术基础需要被记录下来，包括WHYs。

在一个公司内保存和提供这一过程知识是很重要的(CCPS 1989)，目的如下：

① 保存现有设备的设计条件和建筑材料的记录，有助于确保操作和维护

始终忠于设计初衷。

② 允许在大型资本项目中回顾关键设计决策的基本原理，这也可能有助于确保操作和维护始终忠于最初的目的。

③ 为理解过程应该如何操作，以及为什么应该以给定的方式运行提供基础。

④ 为评价过程变更提供(参考)基线。

⑤ 记录系统的风险评估和风险决策的基础。

⑥ 记录事故/事故原因、纠正措施和其他操作经验，汲取经验教训。

⑦ 保护公司免受不负责任和疏忽的无理要求。

⑧ 保留关于过程的基础研究和开发信息，以指导未来的研究工作。

⑨ 向员工和其他利益相关者提供所需的安全信息。

此外，过程安全信息(Process Safety Information，PSI)是PSM和RMP程序的显式元素，需要编译和保持最新的化学危害、技术和过程设备信息。在美国一些州，法律要求化工厂的所有者在工厂的设计和操作等许多方面保持最新的文件和程序。因此，对工艺设备信息的编制和快速更新就显得尤为重要。

本节为创建危险化学反应管理系统的元素提供指导，该系统将确保获取和保留与安全相关的过程知识和文档。

这个要素的组成部分包括：化学反应性危害信息和反应数据、工艺定义和设计标准、工艺/设备设计和操作规程、保护系统、过程风险管理决策、公司记忆库。

许多过程知识和文档是通过设备的早期使用周期阶段开发而来的。在整个设备使用期间，大多数组件需要保留或保持更新。

4.7.1 化学反应性危害信息和反应数据

在收集反应数据、识别危险和测试化学反应时，将产生许多重要的信息。你的设备或公司需要记录基本的反应性特性(例如反应热)、危险信息和测试结果。需要一种有组织的方法来存储这些信息，使用户在需要时访问这些信息。例如，记录相容性图表决策是如何制定的。对于图表用户，备份和支持数据以及图表更新应该是容易访问的。如果执行测试以决定图表中的特定二进制组合，那么这个测试可以在图表中被引用。

4.7.2 工艺定义和设计标准

必须记录设计依据，特别是安装中所包含的安全特性。变更计划的管理必须存档，并且使基本记录保持最新，以防止退化或降低安全特性，包括最大限度的措施和被动保护系统等。

① 过程。通过化学安全测试实验室网络获得的所有化学安全测试结果将被保存在一个中央数据库中。数据库可用于本地工作站检索、存档。测试结果和报告(包括图形、图表和报告)将被扫描到数据库中。而且，数据库的光学字符识别功能将使数据库的用户在个人电脑上查看图形、绘制图形和曲线，并在本地打印机上打印。该程序可通过中央安全测试实验室安装和培训。与含有产品编号的化学品相关的一些测试结果将记录在MSDSs、调查表和工作场所预防措施声明上。

② 责任。作为数据库管理员，中央安全测试实验室工作人员的职责是将安全测试结果扫描到数据库中。开发MSDSs和工作场所预防措施声明程序是产品安全和产品监管委员会的责任。项目/工艺负责人的责任是确保调查表、MSDSs或工作场所预防措施声明已经完成。

文件应包括构成装置设计和操作基础的基本工艺知识和设计注意事项。在设计之前，必须尽可能完整地编写本文档，因为将根据这些信息确定和控制化学反应性危害。由于后续的知识是由过程或技术修改而获得或开发的，因此也应将其纳入文件并仔细审查。

该文档从过程定义开始。过程定义应包括基本化学过程和概念过程配置，还应包括已知的主要步骤或单元操作。过程定义应该记录在单个文档或文档集合中，并将所有过程相关的信息放在一起。该组件的管理系统必须反映出大多数注意事项。

组织与过程定义文档相关的问题，首先分配编译和维护过程文档的责任。虽然在研究阶段可能很容易保持所有相关信息的协调，但是随着一个过程进一步进入生命周期，信息协调过程会变得更加复杂。创建一个负责开发每种特定技术的团队，并进行定期的技术审核，是两种促进良好文档维护的技术。

与组织过程定义文档管理系统相关的另一个问题，涉及代表公司分配审查和批准过程的责任。在工艺文件编制过程中，它应该作为公司工艺设计和开发的指南。一些工作人员，通常是高级工程师和高级研究和开发人员，应该在设计过程中对技术的发展表示支持和接受。

在开发过程文档时，必须提供适当的技能。例如，对于大型设备，工艺工程师、化学家以及健康和安全专家应该参与进来。这些工作人员应获得适当的资料来源，包括设计和操作过程(或相关过程)的内部人员、过程许可人、工程承包商、参考资料，以及包含危险和工程信息的在线数据库。

过程定义文档的管理系统应该确保过程文档包的内容是准确和完整的。应该为过程文档实现适当的评审和质量保证程序。这可能涉及一个分级审查过程，并且使用外部专家进行审查。

开发和维护过程定义文档涉及的两个控制问题。首先，应该有一种机制来跟踪文件副本的分发情况(例如对副本进行编号的系统)。这对于确保将更改和更新分发给所有受影响的各方是很重要的，这样就不会有人使用过时的信息。其次，应该有一个变更的审查过程，以确保过程文档的更改得到与原始文档包(CCPS 1989)相同程度的审查。

4.7.3 工艺/设备设计及操作程序

设计和安装一个安全的工业过程需要付出很多精力。关于这个过程的大量信息已经被开发和获得，被用于开发特定过程的信息，例如安全的上限和下限操作规程，以及将风险降低到合理可行的最低水平。

在将安全性构建到流程之后，必须在流程的剩余生命周期阶段中维护安全性，从设备启动和操作开始。

必须记录设计评估和安全基础，并提供咨询，过程必须按要求进行。操作阶段包括两套流程文档——详细的技术文档和每个操作阶段的安全操作说明(HSE 2000)，包括启动、关闭、维护和应急操作。

4.7.4 保护系统

此外，在适当的情况下，防御线应该定期进行测试和实践，以确保系统的可靠性。这些测试应该作为装置记录的一部分进行记录。保护系统的不可靠性不应被允许成为事故的原因或允许事故导致更严重的后果。

4.7.5 过程风险管理决策

在设备设计和运行过程中，应采取一定的措施来降低化学反应性事故的风险。采取这些行动的决定往往是由于需要处理过程危险分析、事故调查和审计等活动的结果。其他决策则涉及资本和劳动力等资源的分配。虽然生产线管理(如在4.1节中所讨论的内容)有责任作出风险管理决策，但是其他知识渊博的人员也参与了决策过程，生成的信息构成了合理决策的基础，并记录了决策是如何实现的。

可以对选择、后果和风险分析进行技术评价。这些分析能对可能发生事故的后果的严重程度进行计算。随后，可以产生缓解系统的基础。这可能涉及诸如二级密封结构、爆炸抑制系统或洗涤器等设备。这些决策的基本原理和技术设计基础都应该被记录下来，并作为过程知识的一部分给予保留。

记录风险管理决策的管理系统必须解决敏感的法律责任问题。一些公司的法律部门认为，风险分析文件，即公司承认发生事故的可能性，造成了不可接受的责任。许多其他律师则认为，这是公司在试图缓解管理风险时所采取的平权行动的一个重要手段。风险管理决策文件的管理系统应与公司的律师密切协调，他们应对诸如知识产权和机密性、使用犯罪和煽动性语言、减轻罪责措施的文件和记录保留等问题密切关注。

风险管理决策的管理系统必须设计有获取信息的能力，这些信息不仅描述了所作的决策，而且还描述了决策的原因。这对于解释一个公司内不同工厂之间的差异是很重要的。然而，并不总是有严格的系统来获取“为什么”这样的信息。因此，用于记录过程风险管理决策的管理系统应该在整个安全和资本支出审批链中争取个人的合作。这个管理系统应该被设计来接收每一个安全分析和每一个资本项目的要求。有了这些作为触发器，系统应该会提示完成关于风险的一个完整的“思维链(chain of thought)”。这可能包括发起这项研究的原因(或要求)、建议的内容和原因、是否被接受，以及如果没有被接受的原因和实施情况等(CCPS 1989)。

4.7.6 公司记忆库

从工厂经验和错误中获得的知识和信息经常导致操作增强。换句话说，由于实际经验，工厂通常会采取一种操作方式。然而，如果采用这种做法的原因没有被记录下来，后续的管理者可能开发或采用无效的替代方法，而不知道他们的前任已经尝试过了。

对于过程和设备文件，以及操作和破坏过程，应该创建详尽的操作历史记录。此外，虽然了解操作的状态很重要，但能够回顾和学习操作的历史，不断改进过程安全也是很重要的。

如果有的话，历史信息的保留必须按照公司保留记录的政策进行。然而，在所有情况下，重要的是要考虑什么时候需要信息，而不是仅仅考虑什么时候创建信息。

对历史记录的维护应该有明确的责任。重要的问题应该由管理系统处理，包括指定谁将保存记录，在哪里和如何维护记录，以及如何在装置和公司范围内检索和使用它们。此外，还应充分考虑备份关键记录和保护记录不受损失。

公司记忆库的一个重要方面是高级操作人员、主管和工程师拥有的知识和经验。多年来，许多事情发生在一个没有被记录下来的工厂里，但是将新问题与过去的经验联系起来的能力对于有效地解决问题是至关重要的。随着时间的推移，这种经历通常会从老员工传到年轻员工。然而，当缩减规模或精简程序导致许多有经验的人同时离开一个组织(例如利用提前退休奖励)时，公司记忆中的空白就会被创造出来。

如果出现这种情况，过程知识管理系统应该促使程序启动，以尽可能多地获取基于经验的信息。这可能涉及诸如暂时聘用提前退休的顾问或举办有组织的“汇报”会议等活动。“知识工程(knowledge engineering)”技术现在用于开发专家系统，提供了一种结构化的方式来获取这些信息(CCPS 1989)。

4.8 化学反应性危害的沟通和培训

沟通和培训对化学反应性危害的管理至关重要。一些信息容易伪装成“常识”，或者太明显而不需要正式的沟通或培训，以至于被我们忽视。其他一些信息，诸如详细的工艺化学，可能被认为过于复杂而难于沟通或培训。当这些信息涉及对化学反应性危害的控制时，它的交流和相关培训不应被忽视。所有的操作人员都应该对将要发生的事情有一个很好的了解。例如，如果某些材料混合在一起，或者一个在错误范围内操作的过程。

这不仅适用于合同工，也适用于正式雇员。如何传达化学反应的危害不是一件小事，尤其是涉及承包商的时候。这可能需要制定保密协议，并且需要根据具体情况处理问题。与合同人员的沟通以及更广泛的外包制造问题可参考Early(1996)和CCPS(2000)。

在回顾以前的化学反应事故时，特别是在没有遵守既定指示的情况下，经常发现装置人员不知道违反程序可能导致不受控制的反应。对化学反应性危害的认识会减少程序上违章行为的发生。

4.8.1 培训工具/方法

在化学反应性危害管理系统下，应向不同的接受者开放若干培训和沟通渠道。培训和沟通涉及各种媒体的组合，包括：在当地大学主修化学或适当的化学课程、打印小册子和传单(如基本装置信息)、打印件或电脑程序(操作和应急响应)、视频、计算机演示、现场演示、演练或其他在职活动、产品标签和MSDSs。

本节总结应通过这些渠道提供的信息和培训。

4.8.2 厂际培训

所有受影响的人员都应普遍了解装置内的化学反应性危害。培训和沟通必须针对以下方面：

① 存在的化学反应性危害；

② 可以找到危险信息的场所，包括任何装置特定的相容性图表；

③ 作为管理系统的一部分，受影响人员应负的责任；

④ 他们需要遵循的所有程序以及安全运行的装置，这种培训自然会利用书面的操作程序；

⑤ 任何额外的安全工作惯例；

⑥ 在履行职责时使用的工具和个人防护设备；

⑦ 报告异常情况、未遂事故、事故、泄漏和溢出的程序；

⑧ 在应对紧急情况时，他们可能需要遵循的所有程序或以其他方式保护自己，此类培训应包括使用所有个人防护设备、特殊工具或这些操作所需的设备。

应选择培训方法，以便熟悉装置、设备和操作任务，并了解所涉及的化学反应性危害。在培训期间应尽可能提及书面操作程序。如果操作程序不够清晰，或者执行的方式有缺陷，那么它们应该被修改。CCPS(1996)解决了有效书面程序的内容和格式问题。

工厂通常需要定期再培训。此外，对于某些培训来说，验证培训是否被理解是重要的，或者是监管要求。

这种方式可能包括：评估演习或在职培训活动、编写或基于计算机的测试、语言测试、技能和知识的展示。

4.8.3 公司内部的培训和交流

在公司内(例如，在设计或操作中有类似的装置存在化学反应性危害，或在公司一级维护知识)，应提供以下信息或培训：

① 从事故调查中吸取的教训；

② 操作改进(例如变更案例的基础管理)；

③ 有经验的员工有机会加入类似装置的分析团队；

④ 适用于在其他装置处理化学品的操作规程。

4.8.4 第三方培训和沟通

承包商、合同制造商、运输商、仓库保管员和活性化学品的最终用户不仅要了解化学反应的危害，还要提供有关如何控制化学反应的信息或培训。这应该作为产品生命周期管理和负责任的关怀/产品管理的一部分。需要解决的具体问题可能包括但可能不限于在危害/风险分析(4.5节)中强调的问题，包括：

① 安全储存的工程和管理要求，包括不满足要求或不遵守程序的全部后果；

② 应对过程中出现的问题，包括发布；

③ 发布应急响应指南。

4.8.5 受众的问题

同样的信息可能需要使用非常不同的样式、格式和媒体来呈现，这取决于预期的受众(操作人员、管理人员、技术人员等)和信息的使用。例如，向设计工程师解释为什么选择了特定的设计基础，这与操作人员的应急响应培训相比，将是一种截然不同的沟通方式。对于所有培训和沟通，请记住以下几点：

① 要实现的目标，包括保留和使用资料；

② 接触到的听众；

③ 向听众传达信息的最有效和最及时的手段，以实现目标。

4.9 调查化学反应性事故

在装置运行过程中，尽管我们努力且卓有成效地管理着化学反应性危害，但化学反应事故或未遂事故仍然有可能会发生。管理化学反应性危害的一个基本要素是适当地报告和调查涉及化学反应性危害的每一个事故或未遂事故。通过投入时间和精力确定化学反应事故的根本原因并采取纠正措施，以文件的形式进行广泛的交流经验教训，从而确保以前未承认的危险可以查明，装置保障和管理系统的弱点可以得到纠正，将来的事故可以避免。本节的重点是研究化学反应事故的管理系统。

事故调查旨在防止类似事故的再次发生。以确保以下几点：

① 报告所有事故，包括未遂事故；

② 调查确定根本原因；

③ 调查确定建议和措施，以减少或消除潜在的化学反应性危害，减少复发的可能性，或降低潜在后果的严重性；

④ 采取有效的后续手段来完成或解决所有建议。

这些目标是按照对公司的重要性排序的。最重要的是要报告未遂事故，以便从未遂事故中吸取教训。注意，事故调查技术无论应用于化学反应性危害，还是应用于其他危害，本质上都是相同的。

4.9.1 未遂事故

在处理化学反应性危害的装置中，未遂事故值得特别注意。涉及化学反应和不受控制的反应的异常事故可以找到缺乏知识或预防措施不足的地方。例如，任何意外的温度变化、膨胀的容器或产生的烟雾都应被视为发生了意外或不受控制的化学反应的强烈警告信号。生产一种非特异性产品通常被视为质量问题；然而，它也可能是接近化学反应性的指标。

吸取经验教训的第一步是调查，以确定事故和未遂事故发生的原因和潜在原因。“过程安全事故是管理系统故障的结果”是化工过程安全的一条公理(CCPS 1989)。对根本原因的彻底调查将发现管理系统的弱点。了解哪些管理系统的弱点会导致未遂事故和实际的损失事故，是公司能够投资的最高价值活动之一。从未遂事故中学习远比从损失事故中学习要便宜得多。

根据定义，“未遂事故”是一种意外事故序列，如果条件不同或任其发展，可能会造成伤害或损失，但实际上没有发生。事故包括近未遂事故和实际损失事故。

通常很难确定一个特定的事故是未遂事故，还是“非事故”(既不是实际的损失事故，也不是未遂事故)。如果调查系统的用户不确定一个事故至少是一个未遂事故，那么事故将不会被调查，有价值的教训可能会丢失。根据未遂事故的定义，在每一次实际损失事故中，大约有50~100次未遂事故；在每一个未遂事故的情况下，都有50~100个预兆。图4.8描述了预兆、未遂事故和损失事故之间的一般关系。

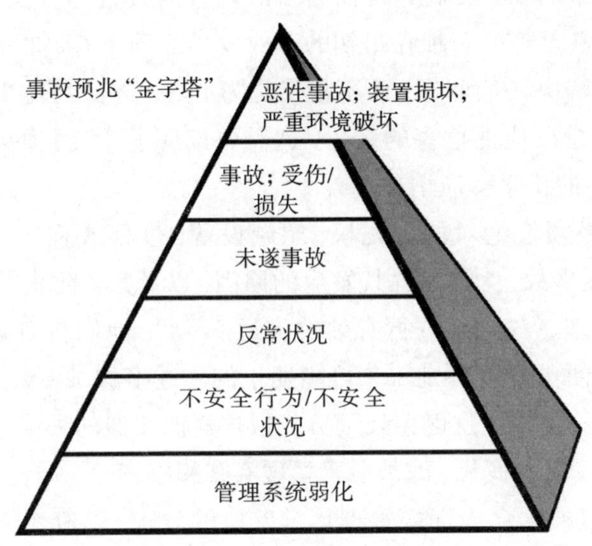

图4.8 预兆与重大事故的关系

4.9.2 基本的实践

调查化学反应性事故的基本做法可分为三步：

① 在事故发生前该做什么；

② 当事故发生时该怎么做；

③ 事故调查结束后该怎么办。

CCPS(2003)提供了进行过程事故调查的一般准则。下面讨论与化学反应性危害的性质有关的具体做法。

在进行可能涉及不受控制的化学反应的调查时，需要进行仔细和广泛的取样，包括残留物、未使用的原材料、产品，以及泄漏和分散的反应产品。同样重要的是收集和保留材料和过程信息，如批号、仪表读数、温度和压力剖面，以及在书面记录丢失或计算机记录被抹去或被覆盖之前的日志记录。可能需要对原材料进行测试，以检查任何不寻常的热行为，并对残留物进行化学成分鉴定。

确定原因是整个调查过程的主要目标之一。对根本原因确定过程的初始选择很可能需要特别注意多重原因的概念(特别是在处理反应化学时)和潜在的系统相关原因。

识别和评估实际建议显然是任何事故调查的关键部分。无效的建议可能只会转移风险，甚至产生一种在最初的事故发生之前不存在的新危险。建议应该足够广泛，以解决一般问题，而不仅仅是为了防止导致特定事故序列再次发生。对于具有化学反应性危害的装置，这需要彻底了解装置的实际设备、控制和环境可能发生的化学反应情况。

实施建议必须有绝对的优先权，超越设备、过程或程序变更。对于一件事故或一次未遂事故，为了了解其发生的原因，以及为了防止其再次发生所作的改变，需要管理者与员工进行有效的沟通。因此，他们将有更深入地了解事故的全过程，以便更好地识别未来可能发生的未遂事故，以及可能导致装置发生化学反应事故的因素。这也会鼓励员工报告其他类似的失误。

4.10 审查、审计、管理变化、改善危害管理实践和程序

在整个装置的生命周期内管理化学反应的危害，以避免无控制的化学反应，是一个持续努力的过程。建立一个确保化学反应性危害被识别和控制的管理系统同样不是一个一次性的项目。

管理系统本身，以及所使用的各种控制方法，不仅要在运行条件下维护，还要不断改进。这些改进需要从事故中吸取到教训之后进行，正如4.9节所讨论的那样。

维持和主动改进危害管理计划的途径包括：积极监测、员工输入、定期评审项目和程序、各种类型的审计、管理变化和及时掌握新技术。

利用所有这些要素是管理承诺的明显标志，是不断改进管理制度的必要手段。

4.10.1 积极监测

定期参与、巡视检查、非正式抽查，以及由生产线管理人员和工作人员进行

的具体专题讨论，都可以用来确保化学反应性危害管理系统和程序的实际实施和日常执行。如果发生了意外的变化或发现了异常情况，应该及时提出问题。

4.10.2 审计

审计可以定义为有系统的、独立的、典型的周期性检查，包括分析、测试以及确认本地程序和实践(CCPS 1989)。审计为管理提供了测量设备性能的工具。大多数过程安全审计程序的总体目标，是验证一个装置的程序和实践是否符合法律要求、内部政策、公司标准和准则，以及接受的实践。此外，在时下，公众、政府、公司管理者和运营人员都希望得到这样的保证：一个组织正在扮演一个“良好的企业公民”。

审计可以帮助确保通过一个健全的过程安全程序来实现遵从性，并且适当地降低管理风险。

除了作为度量工具发挥重要作用之外，审计还提供了机会来分享一组关于需求尚未被编码的领域的新观点(例如工艺控制过程、管理信息系统和维护程序)。审计还表明正在努力重新审查和重新评价业务，以进一步减少业务风险和相应的责任(包括财产损失和业务中断)。

审计可以集中在物理系统(装置和设备)或管理系统(管理程序、记录保存系统等)上。由公司人员或第三方进行的审计，通过观察化学反应性危害管理政策、组织和系统是否确实实现了预期目标来补充监测活动。

一般意义上的纠正措施，是指公司为了承认过程安全缺陷而采取的措施，可以通过审计发现，也可以通过其他方式发现。一些做法可能在问题、缺陷或不受控制的危险通知后立即采取，而其他做法可能是长期的，需要行动规划(CCPS 1989)。

审计协议根据其主体和审计所需的答案进行调整。CCPS(1993a)提供了关于审计计划、审计协议和团队以及其他审计问题的更多细节。

4.10.3 管理变化

管理变化(通常称为MOC)在2.2节中作为生命周期问题进行了讨论，因为变化发生在装置的整个生命周期中。在化学反应性危害的背景下，管理变化的目标是确保在启动后对装置的所有变化进行管理：

① 引入一种新的化学反应性危害；

② 增加不可控化学反应的可能性；

③ 降低不可控化学反应的防护措施的有效性；

④ 使不受控制的化学反应的后果更加严重。

进行识别、评估和处理，以充分控制化学反应性事故风险。识别可能影响化学反应性风险的变化往往是困难的，因为在操作过程或物质组成、浓度、操作温度等方面的细微差别会对系统维护控制的能力产生重大影响。

5.3节中的重新包装示例说明了对建筑材料的更改是相同的观点。甚至对安全性或环境改善所作的改变也需要评估它们对化学反应性的可能影响。例如，出于防火目的，储罐的绝缘将减少对周围环境的散热，并可能使自加热加速失控。

由于这个原因，所有人员都需要接受培训，以识别变化，并始终要求在继续进行之前，根据装置对变化政策和程序的管理，批准所有的变化。负责审查和批准变化的人员必须充分了解其装置的化学反应性危害，以及可能影响化学反应性事故发生的可能性或严重性的因素。

在处理化学反应性危害时，需要有时间和资源来评估拟议变化的安全意义。建议变化的影响需要仔细审查，可能需要获得新的测试数据，可能需要咨询专家。这一问题在某些类型的装置中尤其具有挑战性，例如特种化学品操作。在这些装置中，许多不同的产品和工艺都是定期引入的。

4.10.4 及时掌握新技术

具有强烈化学反应性危害管理项目的公司应努力从工艺安全技术的最新进展中获益，并通过积极参与专业和行业协会，跟上技术进步的步伐。

拥有优秀项目的组织通过分享内部安全研究的非专有成果，支持专业、行业协会以及大学的安全导向研究和开发项目，促进化学反应性安全的发展。无论规模或资源如何，组织应鼓励技术人员参与专业和行业协会的项目，并参与化学反应性安全资料室的开发。财政赠款和积极的志愿服务也应对大多数组织开放。

化学反应性安全知识的增强提供了更广泛的益处。改进过程知识和理解可以产生竞争优势，例如提高产量、提高质量和提高生产率(CCPS 1989)。

许多面向行业的组织提供了分享或学习化学反应性危害评估新技术的途

径。通过会议、期刊、书籍，以及代码和标准来管理。这些组织包括AIChE、CCPS、欧洲化学工程联合会(European Federation of Chemical Engineering)、欧洲工艺安全中心(European Process Safety Center)、玫琳凯工艺安全中心(Mary Kay O'connor Process Safety Center)和紧急救援系统设计研究所(Design Institute for Emergency Relief Systems，DIERS)。大型企业或行业团体也可能有资源资助对化学反应性危害的理解和控制的研究。

4.10.5 确保信息传递

为了最大限度地提高任何已确定的改进的效益，应制定和执行行政程序，以确定与改进化学反应性危害管理有关的信息的分布或通讯线路。这类生产线的例子包括从实验室到试验厂，再到生产装置。

4.10.6 划分监督责任

组织中的多个装置可能具有类似的化学反应性危害，类似的存储、处理或处理操作，或者使用类似的技术来控制相关的危险。如果是这样的话，公司的办公室或人员可能会更有效地承担一些改进活动的责任，比如审计和研究。这也可以促进在装置之间的事故和最佳做法的交流。

4.10.7 实施改正措施

广义上定义的改正行为不仅包括处理确定的缺陷、弱点或脆弱点的过程，还包括改正行为计划和后续行为的过程。改正措施过程可以总结如下：编制和分发审计报告、制订行为计划、审查行为计划、执行行为计划、核查完成情况。

为了控制改正措施的过程，许多公司使用了跟踪系统。为了协助跟踪改正行为，可以使用各种报告机制，例如定期状态报告(如每季度或每月)、节点报告(汇总成就)、异常报告(其他主要节点)。

改正措施跟踪为管理层提供审计问题的状态和商定的改正措施。它还提供了一个机会，即在某些情况下，在完成后的一个较晚的日期审查改正行为(例如一年以后)。CCPS(1989)提供了关于改正措施过程的更多细节。

5 可行的案例

本章介绍了几个识别化学反应性危害的可行的案例。本章旨在通过几个相对简单的例子来说明对化学反应性危害的初步筛选方法(参见第3章)的使用情况，这些例子显示了不同的决策路径。

5.1 有意的化学反应案例

焦化化工(Charbroiled Chemicals)公司在市郊的一个工业园区附近有一个工厂。该工厂通过氯化各种有机原料，在200~1000gal间歇式反应器中生产一系列产品。反应产物经过几个纯化阶段，氯化有机产物被密封并标记在55gal桶中，以交付给客户。不能回收的副产品在处置前在废物处理装置中被中和和稳定。

这些可行的案例中的“问题”指的是第3章中的12个问题。问题1(你的工厂是否进行了有意的化学反应操作)在本案例中应该回答是肯定的，因为原材料经过处理后会发生化学反应，产品的化学成分与原料不同。在废物处理装置中也有可能采用传统的化学方法。

问题5(化学品在空气中燃烧是否是唯一的化学反应)应回答“否”，因为有意的化学反应涉及氯化反应(3.1节中的注释与此过程有关)。需要指出的是，本书的目的并不是要涵盖有意的化学反应的所有复杂性。尽管第4章中的基本做法是对这类装置的适当考虑，但识别和控制化学反应性危害可能需要额外的资源。

如果用户决定继续回答剩下的问题，表5.1显示了此案例的筛选文档可能是什么样的。表中的“注释”一列用于指示从何处获得用于回答每个问题的信息。表5.1中的信息给出了安全操作设备需要控制哪些化学反应性危害。图5.1显示了通过本例筛选流程图的路径。

表5.1 有意的化学反应案例文档(所有问题均已回答)

装置：焦化化工(Charbroiled Chemicals)		
下列问题的答案是否表明存在化学反应性危害？①答案是“是”		
问 题	“是”，“否”，或“不适用”	回答依据；注释
1 是否实施有意的化学反应	是	间歇式氯化；废物中和
2 是否存在不同物质的混合或结合	是	反应器中的原料组合
3 装置是否存在其他物理过程	是	净化步骤
4 装置是否存在任何危险物质被存储或者处理	是	有机原料；浓盐酸；氧
5 化学品在空气中燃烧是否是唯一的化学反应	否	氯 化
6 混合过程或物理过程中是否存在热量释放过程	否	没有放热行为的迹象
7 是否存在可自燃的物质	否	无MSDS或文献显示
8 是否存在可生成过氧化物的物质	是	进料中的有机物在合适的条件下有形成有机过氧化物的倾向
9 是否存在具有水反应性的物质	否	无MSDS或文献显示
10 是否存在氧化剂	是	供氧；氯气中间体
11 是否存在可发生自反应的物质	否	无MSDS或文献显示
12 根据下面的分析，不相容的物质接触是否会导致不希望的后果	否	未发现超出有意的化学反应的异常情况的情景。

① 使用图3.1以及问题1~12的答案来确定答案是“是”还是“否”。

5.2 燃烧器案例

精简研究(Rarified Research)公司在其大型、集中的研究装置中运行一台冲压式焚烧炉，用于销毁选定的废物，包括小型塑料容器中的液体易燃溶剂。焚烧炉采用天然气作为燃料和砖砌结构。操作人员密切监测温度，并定期对烟囱排放进行取样。

参考第3章，问题1(你的工厂是否进行了有意的化学反应操作)应回答“是”。对原材料(废物)进行加工，以便发生化学反应，产品(燃烧气体、灰分和炉渣)的化学成分与起始材料不同。

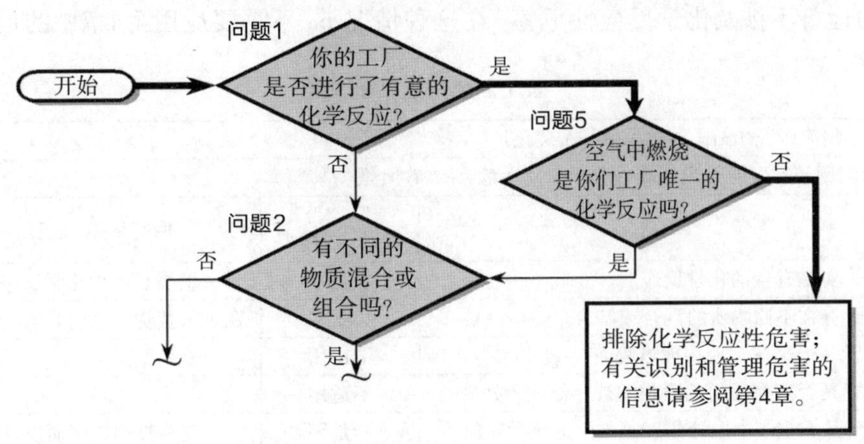

图5.1 筛选有意的化学反应案例的流程图路径

假设所处理的“装置”仅限于焚烧炉系统，问题5(化学品在空气中燃烧是否是唯一的化学反应)在这种情况下可以回答“是”。由于燃烧系统的运行量大，许多其他资源可用于确保焚烧炉设备燃烧部分的安全设计和运行。然而，应该注意的是，许多燃烧器有污水处理系统。例如选择性催化还原(SCR)系统，其涉及超出燃烧反应的有意的化学反应。

在进入燃烧室之前，如果有任何混合的废物，问题2应该得到肯定的回答。如果将类似的废物结合在一起，不会产生显著的热效应(如溶解热)，那么问题6可能会被回答为否。

问题7~11的答案可能决定是否存在化学反应性危害。例如，可以将一罐作为过氧化物形成剂的液体醚带到装置中进行焚烧。如果储存时间长，内容物暴露在空气中，可能存在不稳定的过氧化物，在处理或送入焚烧炉时会爆炸。3.3节中的信息可能有助于确定是否存在任何反应性化学品。

如果问题7~11的答案都是否定的，那么问题12(不相容的物质接触是否会导致不希望的后果)应予以解决。

这涉及第3.3节末尾描述的三个步骤：确定不希望的后果，确定混合方案，并记录混合方案后果。

表5.2给出了该系统可能的几种混合方案。

如果没有找出在装置使用期间可能产生不良后果的混合场景，那么焚烧炉的运行不涉及化学反应性危害。在这种情况下，不需要适用第4章中的信息。

表5.2 燃烧器案例文档

<table>
<tr><td colspan="4">装置：精简研究(Rarified Research)/焚化炉</td></tr>
<tr><td colspan="4">下列问题的答案是否表明存在化学反应性危害？[①]答案是“是”</td></tr>
<tr><td colspan="2">问 题</td><td>“是”，“否”，或“不适用”</td><td>回答依据；注释</td></tr>
<tr><td colspan="2">1 是否实施有意的化学反应</td><td>是</td><td>燃烧是一种化学反应</td></tr>
<tr><td colspan="2">2 是否存在不同物质的混合或结合</td><td>是</td><td>在进入焚烧炉之前将废物混合</td></tr>
<tr><td colspan="2">3 装置是否存在其他物理过程</td><td>不适用</td><td></td></tr>
<tr><td colspan="2">4 装置是否存在任何危险物质被存储或者处理</td><td>不适用</td><td></td></tr>
<tr><td colspan="2">5 化学品在空气中燃烧是否是唯一的化学反应</td><td>是</td><td>专为控制燃烧而设计</td></tr>
<tr><td colspan="2">6 混合过程或物理过程中是否存在热量释放过程</td><td>否</td><td>预混合废物时没有放热行为</td></tr>
<tr><td colspan="2">7 是否存在可自燃的物质</td><td>否</td><td>无MSDS或文献显示</td></tr>
<tr><td colspan="2">8 是否存在可生成过氧化物的物质</td><td>否</td><td>无MSDS或文献显示</td></tr>
<tr><td colspan="2">9 是否存在具有水反应性的物质</td><td>否</td><td>无MSDS或文献显示</td></tr>
<tr><td colspan="2">10 是否存在氧化剂</td><td>否</td><td>无MSDS或文献显示</td></tr>
<tr><td colspan="2">11 是否存在可发生自反应的物质</td><td>否</td><td>无MSDS或文献显示</td></tr>
<tr><td colspan="2">12 根据下面的分析，不相容的物质接触是否会导致不希望的后果</td><td>是</td><td>请参阅以下的分析</td></tr>
<tr><td>场 景</td><td>条件正常吗[②]</td><td>“R”，“NR”，或“？”[③]</td><td>信息来源或评论</td></tr>
<tr><td>泄漏瓶中的丙酮与进料器中的纸质材料接触</td><td>否——进料器是封闭的，高于环境温度</td><td>NR</td><td>根据一般经验，丙酮不与纸质材料反应；进料器是热的但低于自燃温度；密封应防止回火</td></tr>
<tr><td>过氧化二异丙苯容器在进料器中破裂并接触残余可燃固体或液体</td><td>否——进料器是封闭的，高于环境温度</td><td>R</td><td>可在进料器内快速点火燃烧；但是分析表明，进料器设计将包含材料和火焰，预计不会产生明显的不良后果。此外，这种材料通常不会被放入焚化炉</td></tr>
</table>

① 使用图3.1以及问题1～12的答案来确定答案是“是”还是“否”。

② 在室温、大气压强、氧含量为21%和无约束条件下，接触混合是否发生？如果不是，不要假设发布了适用于环境条件的数据。

③“R”是指在规定的方案和条件下具有反应性(不相容)；“NR”是指在规定的方案和条件下不具有反应性(相容)；“？”是指未知，假设在获得更多信息之前不相容。

如果对问题7～12任何问题的答案是肯定的，那么就存在一个或多个化学反应性危害。应利用第4章中的信息来识别和管理危害。

图5.2显示了燃烧器案例筛选流程图的路径，文档如表5.2所示。

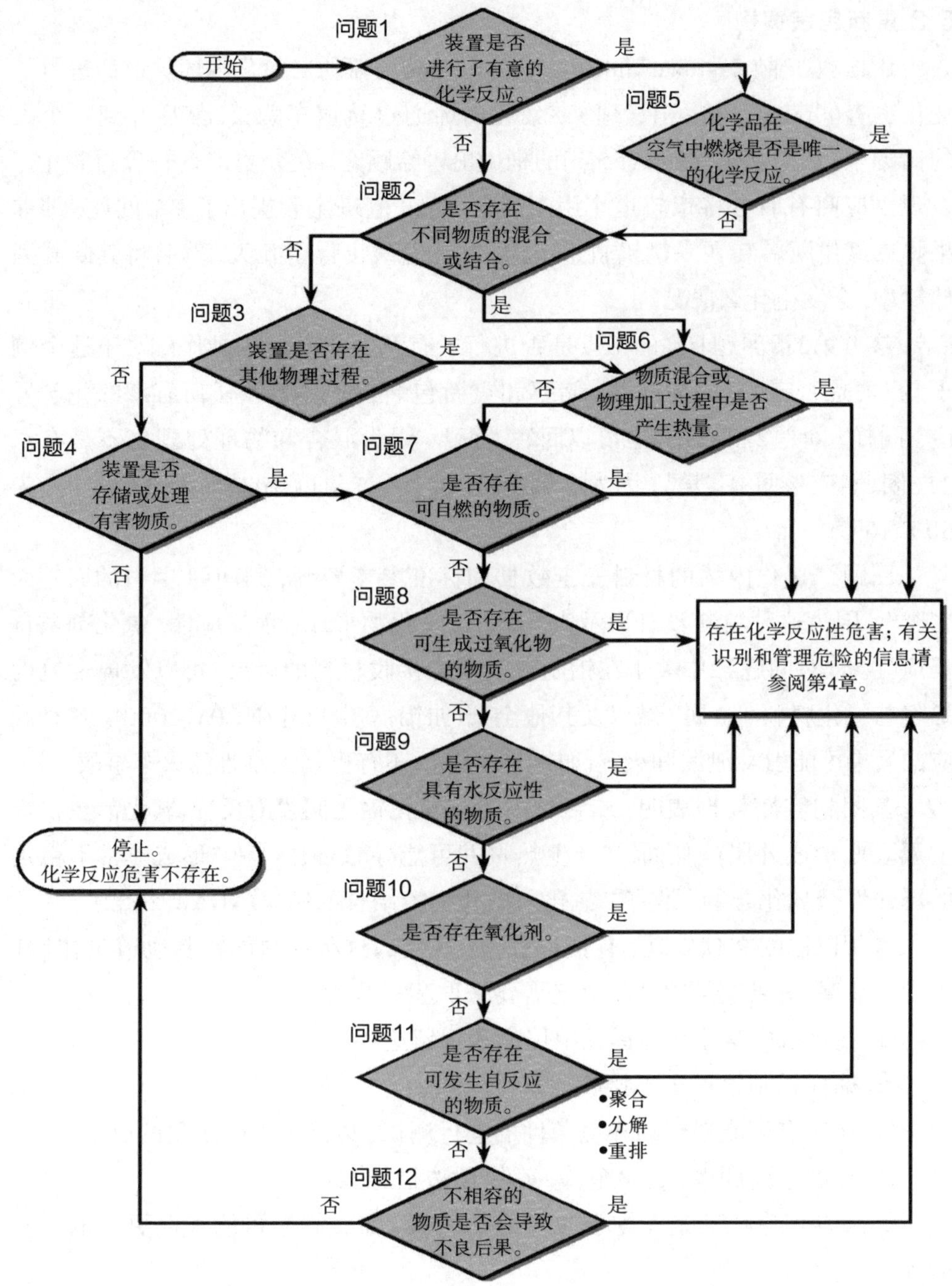

图5.2 燃烧器案例的筛选流程图路径

5.3 重新包装案例

伊斯敦工业(Eastown Industries)公司对改用新的二氯化丙烯供应商进行了变化审查(change review)管理。二氯化丙烯通过轨道车购买，然后卸到一个大的储罐中，然后从储罐放入55gal的桶中出售给顾客。在变更审查管理过程中，发现供应商有时会将铝轨道车用于其他产品。值班主管提出了一个问题，即如果将二氯化丙烯装在一辆铝轨道车内，并在岔线上停留几天，然后将其卸载到储罐中，会发生什么情况。

参考第3章问题1(你的工厂是否进行了有意的化学反应操作)，对于这个例子，答案是否定的，因为卸载、储存和重新包装操作不涉及任何有意的化学反应。同样，问题2和问题3也可以回答“否”，因为混合和物理处理也不是有意的。问题4应该回答“是”，因为二氯化丙烯(1，2–二氯丙烷)是易燃液体，闪点为60℉(16℃)。

回顾二氯化丙烯的材料安全数据和标准参考资料，则问题7~11的回答为“否”，因为这种材料没有显示为自燃、过氧化物形成、水反应性、氧化剂或自反应性。针对问题12中关于在铝制轨道车中接收材料的后果，可以发现二氯丙烯将与氧化材料、金属、碱以及其他金属(如铝)发生反应(NFPA 2002)。这种反应的后果可能引发泄漏和火灾(如果被点燃)，还有更具灾难性的火车事故。

基团相容性数据表明，二氯化丙烯与氧化铝之间没有反应(氧化铝会在铝金属表面形成外层)。然而，“产生热量并可能导致加压”和“形成非常不稳定的爆炸性金属化合物”是将二氯化丙烯和铝粉结合的结果(NOAA 2002)。

查阅以往的文献发现，有报道称，一辆装满这种材料的铝制轨道车在24h内发生泄漏。根据这些资料，决定需要采取积极步骤：

① 在设备的整个生命周期中传递和保留这些信息；

② 确保铝制轨道车不接收二氯化丙烯；

③ 在所有可能遇到的环境条件下进行测试，以确定可能发生的后果；

④ 与供应商联系，通报危险，确保预防措施到位。

如果发现有比轨道车泄漏更严重的后果，那么就有可能采取更大的预防措施。

表5.3显示了这个例子中的筛选文档。

表5.3 重新包装案例文档

装置：伊斯敦工业(Eastown Industries)公司			
下列问题的答案是否表明存在化学反应性危害？[①]答案是"是"			
问题		"是"，"否"，或"不适用"	回答依据；注释
1 是否实施有意的化学反应		否	仅重新包装
2 是否存在不同物质的混合或结合		否	仅重新包装
3 装置是否存在其他物理过程		否	仅重新包装
4 装置是否存在任何危险物质被存储或者处理		是	二氯化丙烯是一种易燃液体
5 化学品在空气中燃烧是否是唯一的化学反应		不适用	
6 混合过程或物理过程中是否存在热量释放过程		不适用	
7 是否存在可自燃的物质		否	无MSDS或文献显示
8 是否存在可生成过氧化物的物质		否	无MSDS或文献显示
9 是否存在具有水反应性的物质		否	无MSDS或文献显示
10 是否存在氧化剂		否	无MSDS或文献显示
11 是否存在可发生自反应的物质		否	无MSDS或文献显示
12 根据下面的分析，不相容的物质接触是否会导致不希望的后果		是	请参阅以下的分析
场 景	条件正常吗[②]	"R"，"NR"，或"？"[③]	信息来源或评论
在铝制轨道车中收到二氯化丙烯	轨道车内无配置	R	之前的事故导致24h内泄漏。NOAA化学反应性工作表显示，二氯化丙烯与铝粉结合会导致"产生热量并可能导致加压"和"形成非常不稳定的爆炸性金属化合物"

① 使用图3.1以及问题1~12的答案来确定答案是"是"还是"否"。

② 在室温、大气压强、氧含量为21%和无约束条件下，接触混合是否发生？如果不是，不要假设发布了适用于环境条件的数据。

③ "R"是指在规定的方案和条件下具有反应性(不相容)；"NR"是指在规定的方案和条件下不具有反应性(相容)；"？"是指未知，假设在获得更多信息之前不相容。

5.4 物理处理案例

在非本案例主题的下游分解设备中，当重铬酸铵被加热分解以生产用于制造磁带产品的二氧化铬时，进行有意的化学反应。在上游进料设备中，物理加工是通过螺旋输送机进行的。在采用初步筛选的方法时，第一步是确定是否需要在物理处理装置中管理化学反应性危害。

参照第3章中的问题，问题1在本例中可以回答“否”，因为物理处理不涉及有意的化学反应。问题2的回答是否定的，因为不同物质的混合或结合不是有意的。问题3应该回答“是”，因为操作涉及物理处理。机械能对重铬酸铵的输入会使螺旋输送机的温度有所升高，所以问题6应该是肯定的回答。因此，初步的筛选方法表明，化学反应性危害是可以预见的。表5.4显示了这个案例的初步筛选文档。

表5.4 物理处理案例文档

装置：上游进料		
下列问题的答案是否表明存在化学反应性危害？①答案是“是”		
问 题	“是”，“否”，或“不适用”	回答依据；注释
1 是否实施有意的化学反应	否	仅物理过程
2 是否存在不同物质的混合或结合	否	仅重铬酸铵
3 装置是否存在其他物理过程	是	机械螺旋输送机
4 装置是否存在任何危险物质被存储或者处理	不适用	
5 化学品在空气中燃烧是否是唯一的化学反应	不适用	
6 混合过程或物理过程中是否存在热量释放过程	是	螺旋输送机的机械能引起的温度升高
7 是否存在可自燃的物质	否	无MSDS或文献显示
8 是否存在可生成过氧化物的物质	否	无MSDS或文献显示
9 是否存在具有水反应性的物质	否	重铬酸铵是水溶性的
10 是否存在氧化剂	是	在NFPA430中被列为3级氧化剂
11 是否存在可发生自反应的物质	是	在170℃时分解，产生气体，急剧膨胀，使封闭的容器破裂；也可能对震动敏感
12 根据下面的分析，不相容的物质接触是否会导致不希望的后果	否	未确定任何方案

① 使用图3.1以及问题1~12的答案来确定答案是“是”还是“否”。

5.5 混合案例

这个例子简单回顾了1995年在位于新泽西州洛迪(Lodi)的Napp技术(Napp Technologies)公司某装置发生的爆炸和火灾(EPA 1997)。其目的是说明事故所涉过程类型的初步筛选方法。

合同制造商要准备8100lb(约3677kg)的黄金沉淀剂。配料在一个125ft^3(约

$6m^3$)锥形搅拌器中混合，该搅拌器是绝缘的，并具有钢套，可以用水/乙二醇混合物进行冷却和加热。沉淀剂由约66%的亚硫酸氢钠、22%的铝粉和11%的碳酸钾(按重量计)组成。混合这些干配料后，加入少量的液体苯甲醛来控制气味。产品混合物包装在18个55gal的桶中用于装运。

参考第3章问题1(你的工厂是否进行了有意的化学反应操作)，在本例中将回答“否”，因为操作仅包括装载、混合和包装，没有有意的化学反应。

问题2(是否有不同成分的混合或组合)将回答“是”，因为混合操作涉及配料的混合。假设没有报告计划的操作有产生热量的迹象，那么问题6将被回答“否”。

材料安全数据和标准参考文献的回顾可能使问题7~11的回答如表5.5所示。铝粉和亚硫酸氢钠这两种成分是已知的反应性化学品，因此存在明显的化学反应性危害。在这一点上，初步筛选方法将向用户指出第4章中的信息，以识别和处理化学反应性危害。表5.5还列出了问题12的两个例子。第三种例子是向混合物中加入过量的苯甲醛。NOAA化学反应性工作表(NOAA 2002)的基团贡献法预测，如果苯甲醛与亚硫酸氢钠结合在一起，会产生热和易燃气体。第四种情况可以通过文献综述找到。例如，《Bretherick’s Handbook(布雷瑟里克手册)》(Urben 1999)指出，碳酸钾和镁的等摩尔混合物会产生爆炸性物质。由于铝和镁具有类似的危害，碳酸钾和铝也可能构成反应性危害。其他情况也是可能的。

初步筛选方法并不旨在确定反应性化学品和不相容性可能导致不受控反应的所有条件。但是，它应该指出是否存在化学反应性危害，以及如何通过分析和测试进行更深入的研究。

5.6 氧气系统案例

大学实验室扩建包括安装物配系统，以便从歧管气瓶向生物实验室提供气态氧。之前未发现实验室装置的化学反应性危害。

参考第3章中的问题，对于本例，假设化学反应、混合和物理处理不是实验室装置的一部分，那么问题1、2和3可以回答“否”。问题4应该回答“是”，因为氧气被认为是一种危险的氧化气体。

关于问题7~11，对材料安全数据和氧气标准参考的审查将导致仅对问题10回答“是”。表5.6显示了如何记录该案例，包括不相容情况。

表5.5 混合案例文档

装置：Napp技术公司，新泽西洛迪

下列问题的答案是否表明存在化学反应性危害？[①]答案是"是"

问 题	"是"，"否"，或"不适用"	回答依据；注释
1 是否实施有意的化学反应	否	仅装载、混合和包装
2 是否存在不同物质的混合或结合	是	在锥形搅拌器中混合成分
3 装置是否存在其他物理过程	不适用	
4 装置是否存在任何危险物质被存储或者处理	不适用	
5 化学品在空气中燃烧是否是唯一的化学反应	不适用	
6 混合过程或物理过程中是否存在热量释放过程	否	没有迹象表明前一批或当前的混合物将产生热量
7 是否存在可自燃的物质	是	氢亚硫酸钠为DOT/UN危险等级4.2，属于自燃材料；细碎的铝粉是自燃的，没有氧化物涂层
8 是否存在可生成过氧化物的物质	否	无MSDS或文献显示
9 是否存在具有水反应性的物质	是	亚硫酸氢钠是水反应性的；未涂覆铝粉为DOT/UN危险等级4.3，潮湿时危险
10 是否存在氧化剂	否	无MSDS或文献显示
11 是否存在可发生自反应的物质	是	亚硫酸氢钠的加热可引发放热分解
12 根据下面的分析，不相容的物质接触是否会导致不希望的后果	是	见以下分析

场 景	条件正常吗[②]	"R"，"NR"，或"？"[③]	信息来源或评论
真空密封冷却水进入搅拌机，与铝粉和亚硫酸氢钠反应，开始放热分解	否——N_2气氛，密闭在搅拌机中	R	铝粉和亚硫酸氢钠都是水反应性的
乙二醇/水混合物从夹套泄漏到搅拌器中，与铝粉和亚硫酸氢钠反应，引发放热分解	否——N_2气氛，密闭在搅拌机中	R	NOAA工作表表明，亚硫酸钠与乙二醇的结合会导致以下情况：由于剧烈反应而爆炸或反应产物可能产生爆炸；可能引起火灾；产生的可燃气体和通过化学反应产生的热量可能导致加压

① 使用图3.1以及问题1~12的答案来确定答案是"是"还是"否"。

② 在室温、大气压强、氧含量为21%和无约束条件下，接触混合是否发生？如果不是，不要假设发布了适用于环境条件的数据。

③ "R"是指在规定的方案和条件下具有反应性(不相容)；"NR"是指在规定的方案和条件下不具有反应性(相容)；"？"是指未知，假设在获得更多信息之前不相容。

5 可行的案例

表5.6 氧气系统案例文档

<table>
<tr><td colspan="4">装置: 大学实验室物配系统</td></tr>
<tr><td colspan="4">下列问题的答案是否表明存在化学反应性危害? ①答案是“是”</td></tr>
<tr><td colspan="2">问 题</td><td>“是”, “否”, 或“不适用”</td><td>回答依据; 注释</td></tr>
<tr><td colspan="2">1 是否实施有意的化学反应</td><td>否</td><td>不属于实验室程序</td></tr>
<tr><td colspan="2">2 是否存在不同物质的混合或结合</td><td>否</td><td>不属于实验室程序</td></tr>
<tr><td colspan="2">3 装置是否存在其他物理过程</td><td>否</td><td>不属于实验室程序</td></tr>
<tr><td colspan="2">4 装置是否存在任何危险物质被存储或者处理</td><td>是</td><td>氧气是一种氧化压缩气体</td></tr>
<tr><td colspan="2">5 化学品在空气中燃烧是否是唯一的化学反应</td><td>不适用</td><td></td></tr>
<tr><td colspan="2">6 混合过程或物理过程中是否存在热量释放过程</td><td>不适用</td><td></td></tr>
<tr><td colspan="2">7 是否存在可自燃的物质</td><td>否</td><td>不可燃气体</td></tr>
<tr><td colspan="2">8 是否存在可生成过氧化物的物质</td><td>否</td><td>无MSDS或文献显示</td></tr>
<tr><td colspan="2">9 是否存在具有水反应性的物质</td><td>否</td><td>无MSDS或文献显示</td></tr>
<tr><td colspan="2">10 是否存在氧化剂</td><td>是</td><td>氧气是一种强氧化剂</td></tr>
<tr><td colspan="2">11 是否存在可发生自反应的物质</td><td>否</td><td>无MSDS或文献显示</td></tr>
<tr><td colspan="2">12 根据下面的分析, 不相容的物质接触是否会导致不希望的后果</td><td>是</td><td>见以下分析</td></tr>
<tr><td>场 景</td><td>条件正常吗②</td><td>“R”, “NR”, 或“?”③</td><td>信息来源或评论</td></tr>
<tr><td>装后, 氧气与氧气分配系统中残留的油膜接触</td><td>无加压, 封闭式</td><td>R</td><td>NOAA的工作表显示, 将氧气与石油润滑油混合可能引起火灾; 反应可能导致增压</td></tr>
</table>

① 使用图3.1以及问题1~12的答案来确定答案是“是”还是“否”。

② 在室温、大气压强、氧含量为21%和无约束条件下, 接触混合是否发生? 如果不是, 不要假设发布了适用于环境条件的数据。

③ “R”是指在规定的方案和条件下具有反应性(不相容); “NR”是指在规定的方案和条件下不具有反应性(相容); “?”是指未知, 假设在获得更多信息之前不相容。

6 未来关于化学品反应性危害的工作

为实现存在化学反应性危害的装置不发生事故的目标，公司、大学、政府机构和专业团体需要齐心协力。进一步发展实现这一目标的手段将需要各种背景的人才和专业知识。

化学工艺安全中心(CCPS)希望通过其反应化学小组委员会和未来的项目继续在这一领域开展工作。预计这项工作将集中在第2章中介绍的两个主要重点：信息和沟通(见表6.1~6.2)。

表6.1 信息

重点考虑	未来工作的领域
你是否知道可能在你的装置内发生不受控制的反应	改进像CHETAH这样的工具，这样人们就可以在没有详细知识的情况下识别化学反应性危害；开发真正的专家系统；开发先进的计算机预测工具；制定全面、系统、通用的化学反应性危害评估方法，逐步详细介绍不同级别的实验和理论评估工作；说明每个步骤或评价水平的局限性，并说明每一步或每一级评估的局限性，揭示最有效的结果；改进与化学反应性危害有关的本科课程设置；鼓励和促进公司内部和公司之间分享反应性测试数据
了解这些反应是如何发生的(例如热、污染、无意中混合、撞击、摩擦、电短路、闪电)	针对特定情况制定指导，例如：失去控制；建筑材料问题；管理变化；频繁的产品转换；污染物；空气/水/清洁化学敏感性；混合危害/混合损失危害；抑制剂/催化剂问题(缺乏、时机、过量)；规模/库存问题；常与反应化学有关的单元操作(如蒸馏)
了解如果发生这种反应会产生什么后果(例如有毒气体释放、火灾、爆炸)	针对具体情况制定指南，例如：能量密度；能量释放速率；开发预测有毒或可燃气体等不受控制反应副产物的工具

续 表

重点考虑	未来工作的领域
了解有哪些(或需要)保障措施来防止发生不受控制的反应，包括如何完全避免这些反应(本质上更安全的设计/操作)，以及如何在安全范围内控制它们(自动控制、程序等)	开发用于产品制造的新型低能量化学反应系统，包括交替催化系统以及适当的生物路线；强调需要在新工艺研开发阶段开发经济上可行、本质上更安全的系统；使用较低的活性化学品库存、容错方法，并在适当情况下远离控制极限的工艺条件，为产品制造开发新的工艺设备和策略；利用实时计算机算法和反应性测试数据的组合，开发或应用先进的技术来推断化学反应速率和接近控制极限(例如最大冷却能力)的过程测量值
了解如果发生了不可控的反应如何作出适当的反应(包括操作员的行动、应急响应计划、社区警报计划等)	针对实际化学反应系统制定应急策略；鼓励更广泛地使用化学反应性事故应急预案；将化学反应系统的后果分析与应急方案相结合

表6.2 沟通

重点考虑	未来工作的领域
告知所有受影响人员操作可能带来的危险(包括正常操作说明、紧急程序等)	确定更好地查找和传送现有危险信息的方法——在CSB审查的化学品反应性事故中，90%以上有文献记载的反应性危害信息(CSB，2002b)；了解各种化学反应事故类型的后果；开发过去经验和教训的信息库，例如化学品反应性事故数据库；制定专门的培训交付方法，以便了解与操作相关的化学反应性危害
告诉所有受影响的人员如何避免化学反应性危害，识别不受控制的化学反应发生的时间，并在发生不控制的反应时作出适当的反应	根据危害的性质，确定在必须控制这些危害的装置中了解化学品反应性危害的雇用资格或培训要求；使用工厂模拟器，以便更好地培训操作员学习如何检测、诊断和应对异常情况
向客户、供应商、行业和技术协会通报有关原材料、中间体和产品所造成的化学反应性危害的任何相关信息	通过用户数据库在线提供信息，以便更快速、更全面地发出警报；通过开办短期课程和其他手段，传播识别、减少和控制反应性危害方面的专门知识；开发和完善案例、自我评估清单和简化工具；制定并完善有效的沟通方式，供中小企业使用
告诉紧急救援人员和其他可能受影响的人员会发生什么，以及如果你的装置发生化学反应事故，人员如何应对	使用改进的数据记录和回收功能，并使用新的检测工具

术语表

这里介绍的是与本概念手册主题相关的术语汇编。本书的其他部分未使用多个词汇表条目。如果用户在管理化学品反应性危害的过程中遇到一个不熟悉的术语，则可从中查找。最后一列中的来源都包含在本书的参考文献中。方括号中的单词已添加到引用的定义中。

术语(英文)	术语(对应的中文)	定义	来源
Accelerating rate calorimetry (ARC)	加速量热法(ARC)	一种技术，将物质分阶段加热，直到发现非常缓慢的分解[或其他反应]。然后，在绝热条件下保存该物质，并监测分解[或其他反应]的过程。亦指商业测试仪器的名称	Barton和Rogers 1997
Activation energy	活化能	阿仑尼乌斯方程指数部分中的常数E，与反应物和活化配合物(过渡态)之间的最小能量差有关，后者具有反应物和产物的中间结构，或与使反应发生所需的分子间的最小碰撞能有关。它是一个常数，定义了温度对反应速率的影响	CCPS 1995a; Barton和Rogers 1997
Adiabatic	绝热	不发生与样品周围环境(包括样品容器)之间的热传递	HSE 2000
Adiabatic decomposition temperature rise	绝热分解温升	如果分解反应的所有焓(热)都被样品本身吸收，样品将达到的计算温度的估计值。高值表示高的潜在危险	ASTM E 1445
Arrhenius equation	阿仑尼乌斯方程	$K=Ze^{-E/RT}$。其中，K为反应的特定反应速率常数，Z为指数因子，E为阿仑尼乌斯活化能，R为气体常数，T为开尔文温度	ASTM E 1445

术语(英文)	术语(对应的中文)	定 义	来 源
Autocatalysis	自催化	由于反应产物的催化作用，反应速率增加。	HSE 2000
Autodecomposition	自分解	一种物质的持续分解，除热能外，不引入任何其他明显的点火源，也不存在空气或其他氧化剂。自分解是给定初始条件(温度、压力、体积)下热自分解反应的结果。在该条件下，放热速率超过反应系统的热损失速率，从而导致反应温度和反应速率增加	CCPS 1995b
Autodecomposition temperature	自分解温度	规定的试验方法、试验装置(包括结构材料和试验体积)的最低温度和启动固体、液体或气体物质的自持分解所需的初始压力，而没有任何其他明显的着火源和没有空气或其他氧化剂存在	CCPS 1995b
Autoxidation	自氧化	也可以称为自动氧化。自由基反应一种物质与大气中的氧之间缓慢的、容易引发的、自催化的反应，通常通过自由基机制发生。自氧化的引发剂包括热、光、催化剂(如金属)和自由基产生剂。Davies (1961)将自氧化定义为物质与分子氧在120℃以下无火焰的相互作用。自氧化的可能后果包括气体逸出造成的压力增加、散热不足产生的热量导致的自燃以及过氧化物的形成	CCPS 1995b
Catalyst	催化剂	通过降低发生化学反应所需的活化能来加速化学反应速度的化学物质	CCPS 1998a
Chemical	化学品	任何元素、化合物、元素和/或化合物的混合物	OSHA 1994
Chemical reactivity	化学反应性	物质发生化学变化的趋势	NOAA 2002
Chemical reactivity hazard	化学反应性危害	有可能发生不受控制的化学反应，直接或间接对人、财产或环境造成严重损害的情况。不受控制的化学反应可能伴随着温度升高、压力升高、气体逸出或其他形式的能量释放	
Compatibility	相容性	在特定情况下，材料在接触时不产生特定(通常是危险的)后果的能力	ASTM E 1445
Cool-flame ignition	冷焰点火	一种相对缓慢的、自我维持的、几乎不发光的样品或其分解产物与氧化剂的气相反应。只有在黑暗的地方才能看到冷火焰	NFPA 325 2001
Critical half thickness	临界半厚度	一种对未搅拌容器中样品半厚度的估计，其中对环境的热损失小于保留的热量。这种内部温度的累积导致了热失控反应	ASTM E 1445
Decomposition	分 解	发生化学分解，分离成组成部分或元素，或者变成更简单的化合物	NFPA 49 2001
Decomposition energy	分解能	分解时释放的最大能量。分解能量与总质量的乘积是决定突然能量释放的影响的一个重要参数，例如在爆炸中。分解能有时可以从文献中得到，也可以从理论上计算出来	Barton和Rogers 1997
Decomposition temperature	分解温度	见自“自分解温度”词条	

术语表

术语(英文)	术语(对应的中文)	定 义	来 源
Deflagration	爆 燃	由化学反应传播引起的能量释放，其中反应前沿以低于未反应物质中声速的速度进入未反应物质。如果产生的爆炸波可能造成损害，可以使用爆炸爆燃一词	CCPS 1995b
Detonation	爆 震	由化学反应传播引起的能量释放，在化学反应中，化学反应前沿以大于声速的速度进入到未反应物质。	CCPS 1995b
Differential scanning calorimetry (DSC)	差示扫描量热法(DSC)	一种技术。在该技术中，作为温度的函数测量输入物质与参考物质的能量差，同时对物质和参考物质进行温度程序控制	ASTM E 1445
Differential thermal analysis (DTA)	差热分析(DTA)	一种技术。在这种技术中，物质与参考物质之间的温差作为温度的函数进行测量，而物质与参考物质则受到控制温度程序的控制	ASTM E 1445
Disproportionation	歧化反应	一种化学反应。其中，单一化合物用做氧化剂和还原剂，从而转化为更具氧化性和还原性的衍生物。例如，适当加热后的次氯酸盐产生氯酸盐和氯化物	CCPS 1995b
Endothermic	吸 热	需要或伴随着吸收热量的物理或化学变化	CCPS 1998a
Exothermic	放 热	伴随着热量释放的过程或化学反应	NFPA49 2001
Explosion	爆 炸	足以引起压力波的能量释放；引起压力不连续或爆炸波的能量迅速或突然释放	HSE 2000; CCPS 1999a
Explosive	炸 药	一种化学物质。当炸药受到突然的冲击、压力或高温时，会导致压力、气体和热量的突然、几乎瞬间释放	OSHA 1994
Extrinsic factor	外 因	如本书中所使用的，不是被处理材料固有特性的因素(请参见“固有特性”)	
Hazard	危 险	有可能对人、财产或环境造成损害的化学或物理状态	CCPS 1999b
Hazardous chemical	危险化学品	任何对身体或健康有害的化学物质	OSHA 1994
Hazardous material	危险材料	广义上讲，任何具有能够对健康、安全或环境产生不利影响的物质或物质的混合物。这些危险可能来自但不限于[可燃性，爆炸性]、毒性、反应性、不稳定性或腐蚀性	CCPS 1999a
Health hazard	健康危害	对于某一种化学物质而言，根据至少一项按照既定科学原则进行的研究，并且有统计上重要的证据表明，暴露于该物质环境下的雇员可能会出现急性或慢性健康影响	OSHA 1994
Heat of reaction	反应热	化学反应过程中释放或吸收的热能总量	HSE 2000
Hot-flame ignition	热焰点火	样品或其分解产物与氧化剂的快速、自持续、有时可听见的气相反应。容易看到伴随着反应的黄色或蓝色火焰	NFPA325 2001

术语(英文)	术语(对应的中文)	定 义	来 源
Hydration	水合作用	分子水与另一物种的分子或单元结合成一个复合分子。复合物可以通过相对弱的力保持在一起，或者可以作为确定的化合物存在	Parker 1997
Hypergolic	自 燃	自燃行为的特征是在两种或多种物质混合时立即发生自发氧化反应	CCPS 1995b
Incompatible	不相容	该术语可以指当物质结合时出现的任何不希望的结果。在本书的上下文中，它是指当结合时产生不希望的化学反应的不相容物质，在规定的情况下构成化学反应性危害	
Inhibitor	抑制剂	一种化学物质，用于防止或阻止化学反应的发生，如聚合反应	CCPS 1998a
Instability	不稳定性	材料通过自反应(聚合、分解或重排)释放能量的固有敏感性程度	CCPS 1998a
Intentional chemistry	有意的化学反应	对物质进行处理，以便发生化学反应	
Intrinsic property	固有特性	就物质而言，指物质本身的一种性质，而不论其用途或环境条件如何	
Isomerization	异构化	将具有给定分子式的化学物质转化为具有相同分子式，但分子结构不同的另一种化合物，如从直链到支链烃或脂环族到芳香烃。实例包括环氧乙烷异构化为乙醛(C_2H_4O)和丁烷异构化为异丁烷(C_4H_{10})	CCPS 1995b
Isoperibolic system	等环境系统	控制外部温度保持恒定的系统	CCPS 1995a
Isothermal	等温线	温度保持恒定的系统状态	HSE 2000
Minimum ignition energy (MIE)	最小点火能量(MIE)	电容器释放的电能，在特定的测试条件下，它刚好足以点燃给定燃料混合物中最易燃的混合物	ASTM E 1445
Monomer	单 体	一种简单的分子，能够与许多其他分子结合形成聚合物	NFPA49 2001
Near miss	未遂事故	一种无计划的事故序列，实际上没有发生，但如果条件不同或任其发展，可能会造成伤害或损失	CCPS 1989
Onset temperature	起始温度	首先观察到的从已建立的基线处产生的偏转的温度	ASTM E 1445
Organic peroxide	有机过氧化物	一种含有二价“—O—O—”结构的有机化合物，可被认为是过氧化氢的结构衍生物，其中的一个或两个氢原子被有机基团取代	OSHA 1994
Oxidation	氧 化	根据上下文，氧化可以指氧与另一物质化学结合的反应或电子转移的任何反应。对于后一种定义，氧化和还原总是同时发生的(氧化-还原反应)，而获得电子的物质称为氧化剂。电子在分子中也可能会发生位移，而不会完全从分子转移出去	CCPS 1995b

术语表

术语(英文)	术语(对应的中文)	定义	来源
Oxidizer	助燃物	易产生氧或其他氧化气体的物质，或易促进或引发可燃物质燃烧的物质。更广泛地说，氧化剂是任何氧化试剂	NFPA430 2000
Oxidizing agent	氧化剂	参见“氧化”词条	
Partial oxidation	部分氧化	在缺氧的环境中，氧与物质的结合，燃烧的产物之一通常是一氧化碳	CCPS 1995b
Peroxide	过氧化物	一种含有过氧化物(—O—O—)基团的化合物，可被认为是过氧化氢(HOOH)的衍生物	CCPS 1995b
Peroxide former	过氧化物形成剂	与氧或过氧化氢反应生成的反应物是过氧化物的物质	CCPS 1995b
Physical hazard	物理危害	对于某一种化学物质而言，有科学有效的证据证明它是可燃液体、压缩气体、易爆、易燃、有机过氧化物、氧化剂、发火、不稳定(反应)或水反应	OSHA 1994
Polymer	聚合物	由简单分子(单体)结合形成的巨大分子构成的物质。例如，乙烯聚合形成聚乙烯链，或者苯酚和甲醛缩合(产生水)形成酚醛树脂	Parker 1997
Polymerization	聚 合	通常与塑料物质的生产相关的化学反应。化学物质(液体或气体)的各个分子相互作用产生长链的物质	DOT 2000
Pyrophoric	自 燃	在130℉(54.4℃)或更低的温度下在空气中自发燃烧的化学反应[注意，来自其他来源的自燃的定义可以规定一个时间范围，通常是几秒或几分钟，在此时间内必须观察到点火]	OSHA 1994
Quenching	淬 火	在很短的时间内通过剧烈冷却或催化剂失活突然停止反应；用于阻止过程中的持续反应，从而防止进一步分解或失控	CCPS 1995a
Reaction	反 应	伴随着焓变化的物质的转变，它可能是吸热的或放热的	ASTM E 1445
Reaction induction time (RIT) value	反应诱导时间(RIT)值	一种化合物或混合物在等温条件下保持的时间，直到它表现出特定的放热反应。	ASTM E 1445
Reactive chemical	反应性化学物质	一种物质，可通过在空气中不加引燃源(自燃或过氧化物形成)、在其他物质(氧化剂)中引发或促进燃烧、与水反应或自反应(聚合、分解或重排)而随时氧化，从而构成化学反应性危害。反应的启动可以是自发的，可以通过能量输入(如热能或机械能)，也可以通过催化作用提高反应速率	
Reactive groups	反应性基团	以类似方式反应的化学品类别，通常是因为它们的化学结构相似	NOAA 2002
Rearrangement	重 排	歧化、异构化或互变异构化	
Runaway reaction	失控反应	由于放热化学反应产生的热量超过可用的冷却速率而失控的反应	HSE 2000
Scenario	方 案	[在确定不相容性的背景下]对于材料可能发生潜在无意组合的过程的详细物理描述	ASTM E 1445

术语(英文)	术语(对应的中文)	定义	来源
Self-accelerating decomposition temperature (SADT)	自加速分解温度(SADT)	某些化合物，如有机过氧化物，在中等环境温度下长期保存时，可能会发生放热反应，并随着温度的升高而加速。如果这一反应释放的热量不损失到环境中，散体材料的温度就会升高，从而导致分解速率的增加。如果不加控制，温度就呈指数方式增长，到了无法停止或减缓分解的程度。这种指数增长发生在其最大标准运输容器中的物质中的最低温度被定义为自分解温度。自加速分解温度是在正常储存条件下分解容易发生的一种度量。它不是火灾暴露或接触不相容材料时任何分解反应暴力的指标	NFPA49 2001
Self-reactive	自反应	能够聚合、分解或重排。反应的开始可以是自发的，通过能量输入，如热能或机械能，或通过催化作用提高反应速率	
Shock sensitive	冲击敏感	对于一种相对不稳定的物质而言，在正常环境条件下，仅通过输入机械能就能引发其能量分解。在标准落锤试验中，如果物质比二硝基苯更容易引发，则认为它们对冲击敏感	CCPS 1995b
Spontaneously combustible	自燃物质	能够在没有点火源的情况下在空气中点燃和燃烧。自燃物质是自发燃烧的，尽管一些自燃物需要少量的湿气(湿度)来自发点燃。其他自发可燃物质和混合物可能需要更多的时间或隔热环境，以自我加热到点火点	
Stable materials	稳定物质	即使在火灾紧急情况下暴露于空气、水和热的条件下，这些物质也通常具有抵抗化学成分变化的能力	NFPA704 2001
Tautomerizing	互变异构	在氢原子和双键位置不同的有机化合物中，从一种异构体转变为另一种异构体	CCPS 1995b
Temperature of no return	不返回温度	反应或分解产生热量的速度等于可用的最大冷却速度的温度	Barton和Rogers 1997
Thermally unstable	热不稳定	在给定的压力、体积、组成和控制条件下加热到特定温度时，将经历放热、自我维持或加速自我反应(分解、聚合或重新排列)的物质。因此，自反应可以由热能单独引起	CCPS 1995b
Time to thermal runaway	热失控时间	对绝热容器中放热反应达到热失控点所需时间的估计(也就是说，对环境没有热量的增加或损失)	ASTM E 1445
Toll manufacturer	收费制造商	合同制造商(外部制造商)	
Unstable material	不稳定物质	在纯态或商业上生产的物质将在冲击、压力或温度条件下剧烈聚合、分解或凝结，变成自反应性或以其他方式经历剧烈的化学变化	NFPA704 2001
Water reactive	水反应	在正常环境条件下与水接触后会发生反应的物质，包括与水剧烈反应的物质和反应较慢但能产生热量或气体的其他物质。如果包含这些热量或气体，会导致压力升高	CCPS 1995b

缩略语

ACC——美国化学理事会
ALChE——美国化学工程师学会
APTAC——自动压力绝热计量计
ARC——加速量热计
ARSST——先进反应系统筛选工具
ASTM——美国检测和材料学会
CANUTEC——加拿大运输应急中心
CAS——化学文摘服务
CCPS——化学过程安全中心
CDC——美国疾病预防控制中心
CFR——美国联邦法规发典
CHEMTREC®——化学运输应急中心
CHETAH——化工热力学和能源释放程序
CIRC——化学事故报告中心
CSB——美国化学危险和安全调查委员会
DCS——分布控制系统
DIERS——紧急救援系统设计院

DOT——美国运输部

DPT——分解压力测试

DSC——示差扫描热量计

DTA——示差热分析

EPCRA——应急计划和社区知情权法案

EPA——美国环境保护署

HarsNet——反应危险评估系统的专题网络

HAZOP——危险和可操作性研究

HSE UK——英国健康和安全行政机构

IChemE——化学工程师学会(英国)

ICSC——国际化学品安全卡

IET——绝热温升测试

IPL——独立保护层

IPCS——国际化学品安全方案

ISO——国际标准化组织(日内瓦，瑞士)

LEPC——当地应急计划委员会

LOPA L——保护层分析

MIC——异氰酸甲酯

MIE——最小点火能量

MOC——管理变化

MSDS——材料安全数据表

NA——不适用

NACD——化学经销商学会

NFPA——美国国家防火协会

NIOSH——国际职业安全与健康研究所(美国)

NIST——国家标准与技术研究所

RSST——反应系统筛选工具

NOAA——美国国家海洋和大气管理局

OSHA——美国职业安全健康管理局

缩略语

PHA——工艺危害分析

PSI——过程安全信息

PSM——过程安全管理

RCRA——资源保护和恢复行动

RMP——风险管理计划/计划

RSST——反应系统筛选工具

SADT——自动加速分解温度

SETIQ——化学工业运输应急系统(墨西哥)

SOCMA——有机化学品合成制造协会

UK——英国

UN——联合国

U.S.——美国

VSP——绝热量热仪

VSP2——绝热量热仪(版本2)

参考文献

ACC 2001. Responsible Care Code Book. Arlington, Virginia: American Chemistry Council. February.

ANSI/ISA-S84.01 1996. Application of Safety Instrumented Systems for the Process Industries. Research Triangle Park, North Carolina: Instrument Society of America.

ASTM E 1231-96. Practice for Calculation of Hazard Potential Figures-of-Merit for Thermally Unstable Materials. West Conshohocken, Pennsylvania: ASTM International.

ASTM E 1445-02. Standard Terminology Relating to Hazardous Potential of Chemicals. West Conshohocken, Pennsylvania: ASTM International.

ASTM E 2012-00. Standard Guide for the Preparation of a Binary Chemical Compatibility Chart. West Conshohocken, Pennsylvania: ASTM International

Balaraju, B., K.R. Mudaliar, A. Viswanathan and B.K. Harrison 2002. "The ASTM Computer Program for Chemical Thermodynamic and Energy Release Evaluation CHETAH 7.3 User Guide." West Conshohocken, Pennsylvania: ASTM International. ISBN 0-8031-2094-X. January.

Barton, J. and R. Rogers (eds.) 1997. Chemical Reaction Hazards: A Guide to Safety, 2nd Edition. Houston: Gulf Publishing Company. ISBN 0-88415-274-X.

Bollinger, R.E., D.G. Clark, A.M. Dowell, R.M. Ewbank, D.C. Hendershot, W.K. Lutz, S.I. Meszaros, D.E. Park and E.D. Wixom 1996. Inherently Safer Chemical Processes: A Life Cycle Approach. New York: American Institute of Chemical Engineers-Center for Chemical Process Safety.

CCPS 1989. Guidelines for Technical Management of Chemical Process Safety. New York: American Institute of Chemical Engineers-Center for Chemical Process Safety.

CCPS 1992a. Guidelines for Hazard Evaluation Procedures, Second Edition with Worked Examples. New York: American Institute of Chemical Engineers-Center for Chemical Process Safety.

CCPS 1993a. Guidelines for Auditing Process Safety Management Systems. New York: American Institute of Chemical Engineers-Center for Chemical Process Safety.

CCPS 1993b. Guidelines for Engineering Design for Process Safety. New York: American Institute of Chemical Engineers-Center for Chemical Process Safety.

CCPS 1994. Guidelines for Implementing Process Safety Management Systems. New York: American Institute of Chemical Engineers-Center for Chemical Process Safety.

CCPS 1995a. Guidelines for Chemical Reactivity Evaluation and Application to Process Design. New York: American Institute of Chemical Engineers-Center for Chemical Process Safety.

CCPS 1995b. Guidelines for Safe Storage and Handling of Reactive Materials. New York: American Institute of Chemical Engineers-Center for Chemical Process Safety.

CCPS 1996. Guidelines for Writing Effective Operating and Maintenance Procedures. New York: American Institute of Chemical Engineers-Center for Chemical Process Safety.

CCPS 1997. Guidelines for Integrating Process Safety Management, Environment, Safety, Health and Quality. New York: American Institute of Chemical Engineers-Center for Chemical Process Safety.

CCPS 1998a. Guidelines for Safe Warehousing of Chemicals. New York: American Institute of Chemical Engineers-Center for Chemical Process Safety.

CCPS 1998b. Guidelines for Pressure Relief and Effluent Handling Systems. New York: American Institute of Chemical Engineers-Center for Chemical Process Safety.

CCPS 1999a. Guidelines for Process Safety in Batch Reaction Systems. New York: American Institute of Chemical Engineers-Center for Chemical Process Safety.

CCPS 1999b. Guidelines for Consequence Analysis of Chemical Releases. New York: American Institute of Chemical Engineers-Center for Chemical Process Safety.

CCPS 2000. Guidelines for Process Safety in Outsourced Manufacturing Operations. New York: American Institute of Chemical Engineers-Center for Chemical Process Safety.

CCPS 2001a. Safety Alert. "Reactive Material Hazards: What You Need To Know." New York: American Institute of Chemical Engineers-Center for Chemical Process Safety. [www.aiche.org/ccps/pdf/reactmat.pdf]. October 1.

CCPS 2001b. Layer of Protection Analysis: Simplified Process Risk Assessment. New York: American Institute of Chemical Engineers-Center for Chemical Process Safety.

CCPS 2003. Guidelines for Investigating Chemical Process Incidents, Second Edition. New York: American Institute of Chemical Engineers-Center for Chemical Process Safety.

CSB 1998. Investigation Report. "Chemical Manufacturing Incident." Report No. 1998-06-I-NJ. U.S. Chemical Safety and Hazard Investigation Board.

CSB 2002a. Case Study. "The Explosion at Concept Sciences: Hazards of Hydroxylamine." Report No. 1999-13-C-PA. U.S. Chemical Safety and Hazard Investigation Board. March.

CSB 2002b. Hazard Investigation. "Improving Reactive Hazard Management." Report No. 2001-01-H. U.S. Chemical Safety and Hazard Investigation Board. October.

CSB 2002c. Investigation Report. "Thermal Decomposition Incident: BP Amoco Polymers, Inc." Report No. 2001-03-I-GA. U.S. Chemical Safety and Hazard Investigation Board. May.

Davies, A.G. 1961. Organic Peroxides. London: Butterworths.

Dowell, A.M. 2001. "Critical Safe Operating Parameters: 'Never Exceed' Limit and 'Never Deviate' Action." Process Safety Progress 20(3). September.

Dowell, A.M. 2002. "Getting from Policy to Practices: The Pyramid Model (Or What Is this Standard Really Trying to Do?)." Process Safety Progress 21(1). March.

DOT 2000. 2000 Emergency Response Guidebook. Washington, D.C.: U.S. Department of Transportation, Research and Special Programs Administration, Office of Hazardous Materials Initiatives and Training (DHM-50). RSPA P 5800.8.

Early, W.F. 1996. Contractor and Client Relations to Assure Process Safety. New York: American

Institute of Chemical Engineers-Center for Chemical Process Safety.

EPA 1990. Chemical Emergency and Preparedness Advisory. "Swimming Pool Chemicals: Chlorine." OSWER 90-008.1. U.S. Environmental Protection Agency. June.

EPA 1997. EPA/OSHA Joint Chemical Accident Investigation Report, Napp Technologies, Inc., Lodi, New Jersey. EPA550-R-97-002. U.S. Environmental Protection Agency. October.

EPA 1999a. How to Prevent Runaway Reactions, Case Study: Phenol-Formaldehyde Reaction Hazards. EPA 550-F99-004. U.S. Environmental Protection Agency. August.

EPA 1999b. Chemical Safety Alert. "Use Multiple Data Sources for Safer Emergency Response." EPA-F-99-006. U.S. Environmental Protection Agency. June.

EPA 2000. Guidance for Implementation of the General Duty Clause Clean Air Act Section 112(r)(1). EPA550-B00-002. U.S. Environmental Protection Agency. May.

ESCIS 1993. Thermal Process Safety: Data, Assessment Criteria, Measures. Safety Series, Booklet 8. Basel, Switzerland: Expert Commission for Safety in the Swiss Chemical Industry. April. Order online at www.escis.ch/seiten/english/publication.htm.

Fisher, H.G., H.S. Forrest, S.S. Grossell, J.E. Huff, A.R. Muller, J.A. Noronha, D.A. Shaw and B.J. Tilley 1992. "Emergency Relief System Design Using DIERS Technology: The Design Institute for Emergency Relief Systems (DIERS) Project Manual." New York: American Institute of Chemical Engineers.

Frurip, D.J., T.C. Hofelich, D.J. Leggett, J.J. Kurland and J.K. Niemeier 1997. "A Review of Chemical Compatibility Issues." AIChE Loss Prevention Symposium, Houston.

Grewer, T. 1994. Thermal Hazards of Chemical Reactions. London: Elsevier Science.

Hendershot, D.C. 2002. "A Checklist for Inherently Safer Chemical Reaction Process Design and Operation." International Symposium on Risk, Reliability and Security. New York: American Institute of Chemical Engineers-Center for Chemical Process Safety. October.

Hofelich, T.C., J.B. Powers and D.J. Frurip 1994. "Determination of Compatibility via Thermal Analysis and Mathematical Modeling." Process Safety Progress 13(4): 227. October.

HSE 2000. Designing and Operating Safe Chemical Reaction Processes. U.K. Health and Safety Executive.

IEC 61508 2000. Functional Safety of Electrical/Electronic/Programmable Electronic Safety-Related Systems. Parts 1-7. Geneva, Switzerland: International Electro-technical Commission.

Kletz, T.A. 1998. Plant Design for Safety. Philadelphia: Taylor and Francis.

Lees, F.P. 1996. Loss Prevention in the Process Industries: Hazard Identification, Assessment and Control, Second Edition. 3 vols. Oxford, UK: Butterworth-Heinemann.

Leggett, D.J. 2002. "Chemical Reaction Hazard Identification and Evaluation: Taking the First Steps." AIChE Loss Prevention Symposium, New Orleans. March.

Lewis, R.J. 1999. Sax's Dangerous Properties of Industrial Materials, 10th Edition. New York: John Wiley & Sons.

Lewis, R.J. and N. Irving 2000. Sax's Dangerous Properties of Industrial Materials, 10th Edition. New York: Wiley-Interscience.

Mosley, D.W., A.I. Ness and D.C. Hendershot. 2000. "Screen Reactive Chemical Hazards Early in Process Development." Chemical Engineering Progress (96)11: 51-65. November.

NFPA 2002. Fire Protection Guide to Hazardous Materials, 13th Edition. Quincy, Massachusetts: National Fire Protection Association.

NFPA 325 2001. Guide to Fire Hazard Properties of Flammable Liquids, Gases, and Volatile Solids, 1994 Edition, Amended 2001. Quincy, Massachusetts: National Fire Protection Association.

NFPA 430 2000. Code for the Storage of Liquid and Solid Oxidizers, 2000 Edition. Quincy, Massachusetts: National Fire Protection Association.

NFPA 432 1997. Code for the Storage of Organic Peroxide Formulations, 1997 Edition. Quincy, Massachusetts: National Fire Protection Association.

NFPA49 2001. Hazardous Chemicals Data, 1994 Edition, Amended 2001. Quincy, Massachusetts: National Fire Protection Association.

NFPA 704 2001. Standard System for the Identification of the Hazards of Materials for Emergency Response, 2001 Edition. Quincy, Massachusetts: National Fire Protection Association.

NIOSH 2001. NIOSH Pocket Guide to Chemical Hazards and Other Databases. U.S. Department of Health and Human Services, Centers for Disease Control and Prevention, National Institute for Occupational Safety and Health. DHHS (NIOSH) Publication No. 2001-145. August.

NOAA 2002. Chemical Reactivity Worksheet, Version 1.5. U.S. National Oceanic and Atmospheric Administration. [http://response.restoration.noaa.gov/chemaids/ react.html].

OSH Act 1970. Occupational Safety and Health Act of 1970, Section 5(a)(1). Public Law 91-596, 91st Congress, S.2193, December 29.

OSHA 1992. Process Safety Management of Highly Hazardous Chemicals; Explosives and Blasting Agents; Final Rule. 29 CFR 1910.119. U.S. Department of Labor, Occupational Safety and Health Administration. February 24.

OSHA 1994. Hazard Communication Standard. 29 CFR 1910.1200. Paragraph (c), Definitions. U.S. Department of Labor, Occupational Safety and Health Administration. February 9.

Parker,S.P. (ed.) 1997. McGraw-Hill Dictionary of Chemistry. NewYork: McGraw-Hill.

Pohanish, R.P. and S.A. Green 1997. Rapid Guide to Chemical Incompatibilities. New York: John Wiley & Sons.

Seveso II Directive [96/082/EEC]—Council Directive 96/82/EEC of 9 December 1996 on the control of major-accident hazards involving dangerous substances.

TAA-GS-05 1994. "Leitfaden, Erkennen und Beherrschen Exothermer Chemischer Reaktionen" (Guide for the Identification and Control of Exothermic Chemical Reactions). Technischer Ausschuss fur Anlagensicherheit. April. [www.sfk-taa.de/ Berichte_reports/Berichte_TAA/taa_gs_05.pdf].

UN 2002. Recommendations on the Safe Transport of Dangerous Goods ("Orange Book"). Geneva, Switzerland: United Nations.

Urben, P.G. (ed.) 1999. Bretherick's Handbook of Reactive Chemical Hazards, Sixth Edition. 2 vols. Oxford, UK: Butterworth Heinemann. ISBN 0-7506-3605-X. Also available on CD-ROM as Bretherick's Reactive Chemical Hazards Database—Version 3.0. Oxford, UK: Butterworth-Heinemann. On-line by subscription [www.chemweb.com].

USCG n.d. Chemical Hazards Response Information System (CHRIS) Manual. U.S. Coast Guard. [www.chrismanuaLcom/Default.htm].

Yoshida, T., Y. Wada and N. Foster 1995. Safety of Reactive Chemicals and Pyrotechnics. London: Elsevier Science. ISBN 0444886567.

附录A 历史案例

从以前的事故中学到一切可能的东西(以免重蹈覆辙)就是研究已有的历史案例。对于化学反应性事故,下面列出的消息来源已经公布了许多案例。本附录中还提供了一些最近发生的、特别具有启发性的事故的扩展摘要。

A1《化学反应性危害:安全指南(Chemical Reaction Hazards: A Guide to Safety)》

Barton和Rogers(1997)汇编了100个与化学反应性事故有关的简要案例。这些事故按以下汇总原因分组:

① 对过程化学和热化学认识不足;

② 工厂设计不足;

③ 工厂安全和控制系统不足;

④ 操作程序和指示不足。

每个总结原因的积极方面(充分了解过程化学和热化学等)是化学反应性安全的重要方面,特别是在实施有意的化学反应的装置中。

A2《流程工业中的损失预防(Loss Prevention in the Process Industries)》

Lees(1996)详细描述和分析了许多可追溯到20世纪初的具有灾难性后果的过程事故。单独的附录专门介绍了1976年意大利塞韦索(Seveso)附近二噁英的释放和1984年印度博帕尔(Bhopal)甲基异氰酸酯的释放。以下描述的是1992

年希克森和韦尔奇有限公司(Hickson and Welch Ltd.)在卡斯特福德(Castleford)火灾。

在1992年9月21日星期一下午1点20分左右，位于卡斯特福德的希克森和韦尔奇有限公司的迈斯纳(Meissner)工厂，仍在生产的一批产品的一侧，突然爆发出一场火焰。火焰穿过工厂控制/办公大楼，当场造成两人死亡。这些办公室的其他三名雇员遭受严重烧伤，其中两人后来死亡。火焰还冲击着一个更大的四层办公大楼，震碎了窗户，并点燃了房间。这一街区的63人成功逃脱，只有一个人在厕所里被烟熏倒；虽然她获救了，但后来因吸入浓烟而死亡。

火焰来自一个工艺容器——“60号碱蒸馏釜”。该容器用于有机物的间歇蒸馏，在有机物被分离出以去除半固体残余物或污泥。在此之前，通过内部蒸汽盘管对残余物加热3h。英国健康与安全执行局(HSE)的调查得出结论，原因是残留物的自加热，由此产生的失控反应导致放出的蒸气着火并导致喷射火焰。

60号碱蒸馏釜是一个容积为45.5m^3的水平圆柱形低碳钢罐，高7.9m，直径2.7m。用该蒸馏釜分离了单硝基甲苯(MNT)的异构体混合物，其中的两种异构体(邻硝基甲苯和间硝基甲苯)在室温下为液体，第三种异构体(对硝基甲苯)为固体。还存在其他副产品，主要是二硝基甲苯和硝基甲酚。众所周知，这些硝基化合物在强碱或强酸的存在下是爆炸性的；另外，如果加热到高温或在很长一段时间保持在中等温度下，这些硝基化合物也会触发爆炸。

自1961年安装以来，该蒸馏釜一直没有打开清洗。1988年工艺发生变化后，发现有污泥堆积。污泥堆积不应超过1820L，相当于大约10cm的深度，而报告的读数是29cm，在事发前一天是34cm。对这一高水平的一个解释是：9月10日，蒸馏釜被抽真空以吸出留在“润滑油”储罐162和储罐163中的污泥。这导致大约3640L“果冻状”物质的转移。原打算将这种物质泵送到193号仓库，但由于物质较厚，运输缓慢，未能完成。该批产品仍被用于进一步的蒸馏操作，并于9月19日完成。随后，冷却碱蒸馏釜，并于9月20日将其余的液体泵送到193号仓库储存。

9月17日，班组和属地负责人讨论了清理碱蒸馏釜的问题。工人告诉班组负责人蒸馏釜从未被清理干净，该负责人意识到污泥覆盖了底部蒸汽加热器的电池。大家同意进行一次清理。属地经理指示周末要作好准备，然而当他周一早上到达时，发现什么也没做。他得到保证，可以尽量缩短停机时间，因此指示继续进行污泥清理。上午9点45分，属地经理指示用蒸汽吹扫电池底部以软化污泥。有人建议，碱蒸馏釜的温度不应超过90℃。这完全是因为90℃低于MNT异构体的闪点。但是，里面的温度探头并没有浸没在液体中，而是记录了人孔内部的温度。此外，将蒸汽总管中的蒸汽压力从400psi(2.76MPa)(表)降至电池中的100psi(0.69MPa)(表)的蒸汽调节器有缺陷。操作人员通过主隔离阀控制蒸汽来对此进行补偿。这个阀门是打开的，蒸汽从电池蒸汽供应线上的减压阀进来。该安全阀设定为100psi(0.69MPa)(表)，但实际工作压力为135psi(0.9MPa)(表)，在此压力下，电池管中的蒸汽温度约为180℃。

在过去30年中没有进行过的清理作业，没有经过危险评估来设计一个安全的工作制度，而且作业的规划和工作许可制度也有缺陷。高级管理层对这项任务在当地处理的参考很少，而且缺乏碱蒸馏釜现场清理的正式程序。许可证是由一名组长签发的，他在9月7日被任命之前，已在迈斯纳工厂工作了10年。上午10点15分，他签发了一张许可证，让一位钳工把盖子移开。钳工在上午11点10分左右签字，然后不久就去吃午饭了。那些站在旁边的工作人员主动提出拆下盖子，而同一名队长也给了他们一张许可证。当钳工吃完午餐，意识到碱蒸馏釜入口没有被隔离，于是又发放了一张许可证来做这件事。

与此同时，盖子已经被移除。属地经理要求用一个临时的勺子来取样。有人告诉他，这种材料与黄油的稠度很相似。他没有检查，错误地认为材料是热稳定的焦油，而对于分析残留物或上面的蒸气，他也没有给出任何指示。工人使用金属耙开始往外耙出残留物。碱蒸馏釜靠前的部分被耙平了，但耙子没有伸到蒸馏釜的后部，在延期的同时又耽搁了一段时间。工人们离开去继续做其他的工作，就在此时喷射的火焰已经喷发出来。

HSE报告指出，在距离人孔13.4m处的迈斯纳控制大楼的损坏情况分析表明，该大楼的喷射火焰直径为4.7m，喷射持续约25s，表面发射功率约为1000kW/m2，距离人孔6m处的温度约为2300℃

该公司雇用了一些在有机硝基化合物生产方面具有专业经验的高素质员工。HSE报告描述了这些员工参与的热稳定性、安全边际等的一些调查。该报告还就有关事故发表评论到：令人遗憾的是，9月21日作出清理60号碱蒸馏釜的决定没有反映出这种理解水平。

当大门处的人员看到火焰时，有人就拨打了“999”紧急电话。该员工请求救护车和消防服务，但只说了几句话，电话就被中断。此后进一步的呼叫援助来电就占线了。

就在事发一年前，管理机构进行了重组。这包括用矩阵管理系统取代分级结构，取消工厂经理的角色，建立一个由高级操作人员担任组长协调生产的系统。属地经理的工作量很大，除了生产职责外，他们还接管了以前由工程部负责的维护职能。管理人员没有达到安全计划规定的检查目标，据说是因为时间不够。

A3 美国环境保护署(EPA)

有时，美国环保署发布与化学反应性危害有关的过程安全警报或研究。以下事故摘自苯酚–甲醛反应危害的案例研究(EPA 1999a)，以及在制定应急响应策略时应使用多种数据源的警报(EPA 1999b)。

A3.1 乔治亚–太平洋树脂(Georgia–Pacific Resins)公司：失控的反应和爆炸

1997年9月10日星期三上午10点42分左右，位于美国俄亥俄州哥伦布市的乔治亚–太平洋树脂公司的一座树脂生产装置发生爆炸。据报道，爆炸至少有2mile(1mile≈1.609km，下同)和7mile远。爆炸造成一名工人死亡，四人受伤。爆炸严重损坏了工厂。当地新闻报道说，作为预防措施，当地消防部门在几个小时内疏散了一所职业学校和几家位于1mile半径范围内的家庭和企业。爆炸还导致装置内大量液态树脂和少量其他化学物质的泄漏。三名消防员在救援过程中受伤，再接受了一级化学烧伤的治疗后出院。

事发时，乔治亚–太平洋树脂公司正在一个8000gal的间歇式反应器中制造酚醛树脂。操作人员向反应器中加入原料和催化剂，并打开蒸汽加热。高温警报响起，操作人员关掉了蒸汽。不久之后，发生了一场巨大的高能爆炸，反应器顶部炸落在400ft(1ft≈0.3048m，下同)外，反应器外壳裂开并展开，撞击到其他容器。附近的一个储罐被毁，另一个反应器部分受损。

调查显示，反应器爆炸是由失控反应产生的过大压力造成的。与标准操作程序相反，当所有原料和催化剂同时加入反应器并加热时，引发失控。失控情况下，产生的热量超过了系统的冷却能力，产生的压力无法通过紧急泄压系统排出，导致反应器爆炸。

A3.2 阿肯色州仓库：谷硫磷爆炸

1997年5月，阿肯色州东部的一个农化品化工装置发生大规模爆炸和火灾。爆炸发生前，员工在一个后仓观察到烟雾并撤离。该机构打电话给当地应急人员，要求帮助控制农药谷硫磷超高包装内的阴燃。当地消防部门对阴燃产品的MSDS进行了快速反应和审核。MSDS缺乏分解温度或爆炸危险的信息。消防队员决定调查这座建筑。当他们走近时，发生了剧烈的爆炸。一堵倒塌的煤渣墙碎片造成三名消防队员死亡，第四名受重伤。

A3.3 Napp技术公司：爆炸和火灾

1995年4月，新泽西州洛迪的一家制造厂发生爆炸和火灾，造成5名救援人员死亡。爆炸发生时，公司正在混合铝粉、连二亚硫酸钠和其他成分。

尽管材料是水反应性的，但产品的MSDS建议使用"水喷雾"扑灭火。"MSDS对"小火"的建议是用水淹没。然而，"小火"并没有定义，所需水量没有具体说明，也没有关于如何应对大火灾(在混合过程中可能发生的)的信息。

MSDS仅描述了与混合产品相关的危害。事故响应者需要有关混合过程中化学反应性危害的信息，在这种情况下，与成品相关的危害明显不同。

A4 美国化学安全委员会

美国化学安全和危险调查委员会(U.S. Chemical Safety and Hazard Investigation Board, CSB)对一些化学反应性事故进行了详细调查。案例研究和完整的调查报告可从CSB(华盛顿特区)或其网站(www.chemsecurity.gov)获得。CSB三份出版物(1998, 2002a, 2002c)摘录如下。

A4.1 莫顿国际公司：失控的反应、爆炸和火灾

1998年4月8日星期三晚上8点18分，位于美国新泽西州帕特森(Paterson)的莫顿国际(Morton International)公司(现称Rohm & Haas)所属的一家工厂在自动化生产黄色96染料时发生爆炸和火灾。爆炸和火灾是失控反应的结果，该反应使一个2000gal的反应器，容器超压，释放出点燃的易燃物质。

黄色96染料是由邻硝基氯苯(*o*-NCB)和2-乙基已胺(2-EHA)两种化学品混合反应而成。这种染料被用来给石油燃料产品上色。

调查组确定，反应加速超过了釜的散热能力。由此产生的高温导致二次失控分解反应，引发爆炸，炸开釜盖，并使釜内物料流出。初始失控反应最有可能是由以下因素的组合引起的：反应在高于正常温度的温度下开始，用于引发反应的蒸汽停留太久，以及使用冷却水控制反应速率的时间不够快。

爆炸将釜中的可燃蒸气喷射到生产大楼的二楼。大楼内的爆炸和大火使9名工人受伤。化学物质的闪爆冲破了建筑物屋顶，点燃并在建筑物上方形成了一个大火球，并向邻近地区溅上了黄棕色混合物，其中包括黄色96染料和*o*-NCB 。工人受伤包括烧伤、挫伤和关节扭伤。两名员工严重烧伤，需要长期住院治疗。所有的员工在救援人员的协助下，都逃离了爆炸现场。

无论是*o*-NCB，还是2-EHA，都没有在正常的黄96染料工艺温度下表现出放热活性。莫顿国际公司对黄96工艺的初步研究和开发确定了这种现象，并描述了当用于生产黄色96染料的化学品混合和加热时可能发生的两种放热化学反应。在起始温度38℃(100℉)发生放热反应形成黄色96染料，放热反应在75℃(167℉)的温度下迅速进行形成黄色96染料。由黄色96染料产物的热分解引起的不希望的放热反应是在起始温度195℃(383℉)下开始的。

帕特森工厂不知道分解反应。帕特森工厂在1990年设计黄色96染料生产工艺时使用的工艺安全信息(PSI)包，是1995年进行工艺危害分析(PHA)的基础。PSI注意到期望的放热反应，但不包括关于分解反应的信息。

A4.2 概念科学(Concept Sciences Inc.)公司：羟胺爆炸分解

1999年2月19日晚8点14分，一个装有数磅羟胺的工艺容器在美国宾夕法尼亚州艾伦镇(Allentown)附近的概念科学公司(CSI)生产装置发生爆炸。员工们正在蒸馏羟胺和硫酸钾的水溶液，这是CSI新工厂加工的第一批商品。在蒸馏过程关闭后，工艺罐和相关管道中的羟胺发生爆炸分解，很可能是由于浓度和温度较高。

4名CSI员工和一家邻近企业的经理遇害。2名CSI员工在爆炸中幸免于难，伤势中等至严重。附近建筑物有4人受伤。6名消防队员和2名警卫在应急行动中受轻伤。生产装置遭到严重破坏。爆炸还对利哈伊谷工业园区(Lehigh Valley Industrial Park)的其他建筑造成严重破坏，并震碎了附近几户人家的窗户。

羟胺是氨的氧化衍生物，由化学式NH_2OH表示。羟胺通常以水溶液或盐的形式存在。浓缩的游离碱易于爆炸分解。

20世纪80年代之前，只有羟胺盐可供使用，直到日本日清化学株式会社(Nissin Chemical Company, Ltd.)通过添加专有的稳定剂来防止水性无碱羟胺分解，从而将水性无碱羟胺商品化。商品羟胺溶液的浓度可高达50%。在过去的10年中，半导体制造行业使用了羟胺溶液清洗配方，从集成电路设备中去除工艺残留物。羟基胺及其衍生物也被用于制造尼龙、油墨、油漆、药品、农用化学品和照相显影剂。

目前，浓缩羟胺溶液的市场正在扩大。如果不是爆炸，CSI将成为美国第一家量产这种产品的公司。日清化学株式会社是当时唯一的羟胺全球供应商。1999年初，巴斯夫股份公司在德国开设了一家新的生产工厂。在CSI事故发生14个月后，日清化学株式会社在日本的工厂发生灾难性爆炸，进一步降低了羟胺的供应量。

CSI于1997年开始通过实验室规模的试验开发自己的羟胺生产工艺。开发工作继续进行，建造了一个10gal的试验工厂，于1998年初投入使用。1998年7月，CSI在一栋多租户建筑中租用了约$2\times10^4ft^2$的土地，并开始建立生产装置。

阿什兰德化学公司(Ashland Chemical Company)是阿什兰德公司(Ashland Inc)的一个子公司，是CSI纯化羟胺溶液的主要客户。阿什兰德在半导体工业的残渣清洁剂中使用羟胺溶液。阿什兰德计划从CSI购买200×10^4lb(1lb≈0.454kg，下同)浓度为50%的羟胺。阿什兰德为CSI提供资金支持(35万美元)购买生产设备，以换取未来交付羟胺溶液的折扣价。截至1999年2月，CSI有大约20名全职员工，其中10人被分配到新的生产装置。

事发当天，CSI正在新工厂生产首批浓度为50%羟胺溶液。CSI的生产过程包括反应、过滤、蒸馏和离子交换纯化四个基本步骤。

CSI的蒸馏工艺包括一个2500gal的进料罐、一个真空蒸馏系统和两个产品接收器。蒸馏分两个阶段进行。该工艺的第一阶段开始时，循环泵将浓度为30%的羟胺从加料罐输送到加热塔，这是一个垂直的管壳式玻璃换热器。羟胺进入塔顶并在120℉(49℃)热水中加热蒸馏，通过管道级联回到进料罐。使用冷水冷凝器(冷凝塔)冷凝来自塔的蒸汽。最初的馏分主要由水和一些羟胺组成，被导入初馏分罐。

当羟胺在初馏分罐中的浓度达到10%时，将馏出物转移到最终产品罐中，当进料罐液相中羟胺的浓度为80%～90%时，完成蒸馏的第一阶段。使用30%的羟胺溶液清洗进料罐和塔后，停止使用进料罐。

在蒸馏的第二阶段中，通过再蒸馏进一步浓缩在最终产物罐中收集的浓度为45%的羟胺溶液。它被送回加热塔的顶部并流过管子，用140℉(60℃)的水加热蒸馏。从羟胺溶液中分离掉部分水后，将馏出物导回最终产物罐，直到最终产物罐中的羟胺的浓度达到50%，蒸馏过程就完成了。

CSI于1999年2月15日星期一下午开始在新工厂第一次蒸馏，生产浓度为50%羟胺。装料罐含有约9000lb浓度为30%羟胺。在正常条件下需要约30h的蒸馏来完成间歇处理。

到星期二晚上，料罐中液体溶液的浓度约为48%，产品被收集在初分馏罐中。CSB无法确定产品何时从初分馏罐转移到最终产品罐。星期二晚上，当确定水通过加热塔中的破裂管道泄漏到装料罐中时，该过程被关闭进行维护。星期四下午进行了必要的修复，蒸馏过程重新开始。晚上11点15分，料罐中液体溶液的浓度为56%，收集到的物料浓度为15%。蒸馏持续到那天晚上大约11点30分。

2月19日星期五，加热塔的1.5in(1in≈25.4mm，下同)进料管线被2in管线取代，这将启动推迟到早上晚些时候。当时进料罐中羟胺溶液的浓度约为57%。羟胺溶液浓度全天稳步增长。在晚上7点~7点15分，料罐中羟胺溶液的浓度记录为86%。

从实验室蒸馏实验中，CSI管理层知道羟胺浓度在大于80%时会形成晶体。羟胺晶体不稳定，可能会爆炸。

管理层也意识到与羟胺浓度相关的危险。正如CSI的材料安全数据表(MSDS)中所述："当水被移除或蒸发，羟胺浓度接近超过70%时，就会有火灾和爆炸的危险。"

CSI人员目视监测到蒸馏系统中晶体的形成。星期五下午7点45左右，蒸馏器被关闭并用浓度为30%的羟胺清洗，以洗掉可能已经形成的晶体。蒸馏的第二阶段从未开始。

一名制造和工程监督员被从家中叫到工厂，于晚上8点后到达。爆炸发生在晚上8点14分。爆炸前几分钟的事故无法确定。

A5 BP阿莫科公司(BP Amoco)：热分解事故

2001年3月13日，位于美国乔治亚州奥古斯塔(Augusta)的BP阿莫科公司的聚合物工厂，三名工人在打开装有热塑料的加工容器时丧生。他们不知道容器是加压的。当部分未固定盖子被吹离容器并排出热塑料时，工人们被炸死了。爆炸波导致附近的一些油管断裂。热流体从油管点燃，导致火灾。

奥古斯塔工厂生产的Amodel塑料，是一种坚硬但可模塑的高性能尼龙。Amodel是采用二胺和二羧酸的溶液通过一系列反应器来制造的。在挤出机中完成反应，然后形成材料并冷却成固体颗粒。

当事故发生时，工人们正试图打开一个工艺容器的盖子。该容器被称为聚合物收集罐(KD-502)，其设计目的是接收在启动和关闭期间从化学反应器转出的部分反应废物。在事故发生前12h，有人试图启动生产单位。大约1h后，由于反应器下游的挤出机出现问题，启动被中止，但在此之前，大量的部分反应物质被送到聚合物收集罐。罐内的热熔融塑料继续发生反应，并开始缓慢分解，从而产生气体，使罐内的物质起泡。随着发泡的继续，物质不断膨胀，最终整个容器被填满。然后，这些材料被迫进入连接管道，包括正常的和紧急的通风口。一旦进入管道，塑料在冷却时就会凝固，在整个内壁周围形成一层3~5in厚的硬化层。塑料块的核心仍然是热的和熔融的，并且很可能在几个小时内继续分解，产生的气体给容器加压。在打开聚合物收集罐之前，工作人员可能已经依靠容器排气管道上的压力表和变送器来确定容器是否处于压力之下。他们也知道这个过程被关闭了。然而，压力表上的任何读数都可能是不可靠的，因为塑料已经进入通风管并固化了。在以前的情况下，聚合物收集罐在打开时没有压力。内部发现了不同数量的塑料，有时塑料是热的，但总是固体。工人们期待着再次出现这种情况，于是开始从盖子上取下44个螺栓。当一半的螺栓被拆除后，盖子突然被吹掉了。热塑料在整个区域喷涌而出，最远可达70ft。盖子和喷出塑料击中了工人，将其烧死。气体和塑料的喷射所产生的力向后推动了聚合物储罐并使连接的管道弯曲。一段热油(370℃)供应加热导管在入口管线上，从反应器分离罐到收集罐的入口管线上的加热夹套破裂，液体溢出到该区域。形成可燃蒸气云，并在几分钟内点燃。为了扑灭大火，需要进行数小时的灭火工作。

生产现场的操作工和技术员不知道Amodel在持续高温下会分解并产生高压。该公司研发小组进行的产品性能测试表明，该塑料在加工温度下容易发生热分解。然而，没有对制造过程进行专门的设计审查，以识别来自意外和不受控制的反应带来的危险，也没有认识到塑料分解造成的危险。

早些年，从聚合物收集罐中取出的大块固化废塑料块爆炸了，碎片飞溅到相当远的地方。调查不够深入，无法确定团块内的热熔融材料最有可能继续反应和分解，并产生气体和压力。

有一次聚合物收集罐打开后，内部废塑料自燃起火了。当备用容器被打开时也发生了这种情况。另外两次，从这些容器中取出的废塑料放入垃圾箱后，会自动着火。调查没有发现火灾可能与塑料热分解形成挥发性和易燃物质有关。在检查过程中，发现减压装置被固体塑料污染，这可能导致减压装置失效。没有分析这种污染的潜在后果，也没有制定足够的措施来防止复发。

附录B 本质更安全的过程检查列表

此清单可用于激发本质安全审查和过程危害分析团队以及其他工艺改进的个人或团体的思维。它旨在促进“蓝天(blue-sky)”或“开箱即用(out-of the-box)”的思维，并产生可能在现有装置或“未来的工厂”的概念中使用的想法。

这个清单不应该用死记硬背的“是/否”的方式，也不必回答每个问题。这个想法是考虑什么是可能的，然后确定什么是可行的。清单应该在整个过程的生命周期中周期性地审查。随着技术的改变，曾经是不可能的东西变成可能，而曾经不可行的东西也变得可行。

使用该清单的用户可能会发现重新表述问题有助于激发最大的创造力。例如：“怎么可能……？”这种方法可以引导用户考虑降低工艺过程中固有危险水平的替代方法。

该清单的主题摘自CCPS(1993b)和Bollinger等(1996)。已尽一切努力确保这份清单是全面的。因此，不同章节之间的问题可能有些重复或重叠。应当指出，如Bollinger等所述，本清单中的一些项目采用了非常宽泛的本质安全概念(1996)。因此，它们可能涉及被动控制、工程控制甚至行政控制的固有问题，而不是更狭隘的本质安全概念，即减少必须控制的潜在过程危险，以便安全运行装置。

B1 强化/最小化

① 以下策略是否减少了危险原材料、中间体和/或成品的库存？例如：改

进生产调度；准时交货；过程元素的直接耦合；现场生产和消费。

② 下列操作是否最大限度地减少了过程中的库存？例如：消除或减少过程中储存容器的尺寸；设计处理危险材料的加工设备，以获得最小的可行库存；定位工艺设备，以尽量减少危险材料管道的长度；减少管道直径。

③ 其他类型的单元操作或设备能否减少材料库存？例如：用擦拭膜蒸馏器代替连续蒸馏釜；用离心萃取器代替萃取柱；用闪蒸干燥器代替托盘干燥机；用连续反应器代替批处理；用栓流反应器代替连续流动搅拌釜式反应器；用连续在线混合器代替混合容器。

④ 是否可以通过设计升级(例如改进混合或热传递)来提高反应器的热力学或动力学效率，以减少有害物质的体积？

⑤ 是否可以将设备组合在一起(例如用单独的反应器和多塔分馏系代替反应蒸馏；安装内部再沸器或热交换器)，以减少整个系统的体积？

⑥ 是否可以通过将危险材料作为气体而不是液体(例如氯)进料，从而减少管道库存？

⑦ 是否可以更改工艺条件，以避免处理闪点以上的易燃液体？

⑧ 能否改变工艺条件，以减少危险废物或副产品的产生？

B2 替代/消除

① 是否有可能通过使用替代工艺或化学方法来消除危险的原材料、工艺中间体或副产物？

② 是否可以通过改变化学或加工条件来消除加工中的溶剂？

③ 是否有可能替代危险性较小的原材料？例如：不可燃的而不是易燃的、不易挥发、反应性较低、更稳定和毒性较小。

④ 是否可以使用危险性较低的公用装置(例如用低压蒸汽代替可燃传热流体)？

⑤ 是否有可能替代危险性较低的最终产品溶剂？

⑥ 对于含有在高温下变得不稳定或在低温下冻结的材料的设备，是否可以使用加热和冷却介质来限制可达到的最高温度和最低温度？

B3 衰减/调节

① 是否有可能保持原料的供应压力低于原料供应容器的设计压力？

② 是否有可能通过使用催化剂或使用更好的催化剂来降低反应条件(例如压力或温度)?

③ 是否可以使用其他途径在不太苛刻的条件下操作该过程?例如:通过设计升级(例如改进混合或热传递)来降低操作温度和/或压力,提高反应器的热力学或动力学效率;改变添加原材料的顺序;反应的相态变化(例如液体/液体、气体/液体或气体/气体)。

④ 是否有可能稀释危险原料,以减少危险的可能性?例如:用氨水代替无水氨水;用盐酸水溶液代替无水;用硫酸代替发烟硫酸;用稀硝酸代替浓发烟硝酸;用湿过氧化苯甲酰代替干过氧化苯甲酰。

B4 效果限制

① 是否有可能设计和建造足以承受过程中可能产生的最大超压的容器和管道,即使发生了“最糟糕的可信事故”(不再需要复杂的高压联锁系统和/或广泛的紧急救援系统)?

② 是否所有设备都被设计成完全包含可能存在于环境温度或可达到的最高工艺温度下的材料[即更高的最大允许工作温度,以适应冷却损失;简化对外部系统(如制冷系统)正常运行的依赖,以控制温度,使蒸汽压力低于设备设计压力]?

③ 能否利用被动防漏技术(例如防喷垫圈和溢流阀)来限制安全壳损失的可能性?

④ 是否可以设置工艺单元,以减少或消除其他相邻危险装置的不利影响?

⑤ 是否可以设置工艺单元,以消除或尽量减少界区外影响,以及界区内对员工和其他工厂装置的影响?

⑥ 对于易燃材料装卸过程,是否可能设计装置布局,以尽量减少受限制区域的数量和规模,并在发生泄漏和随后点火时限制严重超压的可能性?

⑦ 工厂的位置是否可以最大限度地减少危险物质的运输需求?

⑧ 物料能否采用不太危险的形式、更安全的运输方法和更安全的路线进行运输?

B5 简化/误差容限

① 是否有可能将单个程序复杂的多用途容器分成几个简单的处理步骤和

处理容器，从而减少特定容器的原材料、公用装置和辅助设备数量复杂化时的危险相互作用的可能性？

② 设备的设计是否会因操作或维护错误而难以产生潜在的危险情况？例如：简化显示；设计限温传热设备；通过使用抗腐蚀建筑材料来降低腐蚀电位；降低操作压力，以限制释放速率；采用较高的加工温度，以消除诸如脆性失效等低温影响；使用被动控制与主动控制(例如更坚固的管道和容器)；使用埋地或屏蔽罐；如果公用装置丢失，使用故障保护控制；限制所需的仪器冗余度；使用冷藏与加压储存；在独立或应急电源上分散供电；减少墙壁面积，以最大限度地减少腐蚀/火灾；减少连接和路径的数量；尽量减少危险工序中法兰的数量；设计用于防止错误连接的阀门、管道、软管；在管道中使用较少的弯头；增加墙体强度；使用较少的接缝和接头；提供额外的腐蚀/侵蚀余量；减少振动；使用双壁管、罐和其他容器；尽量减少使用开放式阀门；消除危险服务中的开放式快速开启阀门；提高阀座可靠性；消除不必要的膨胀节、软管和破裂盘；消除不必要的视镜、玻璃转子流量计。

③ 是否可以设计程序，使得在操作或维护错误时，不易产生潜在的危险情况？例如：简化程序；减少过度依赖人类行为来控制过程。

④ 是否可以取消或安排设备，以简化材料处理？例如：使用重力代替泵来输送液体；谨慎选址，以尽量减少危险的运输或转移；减少拥塞(即更容易获取和维护)；减少邻近装置的连锁反应；在过程的早期消除有害成分，而不是在整个过程中进行传播；缩短流程路径。

⑤ 是否可以修改反应器，以消除辅助设备？例如：通过使用自然对流而不是强制对流来创造一个自我调节的机制来进行紧急冷却。

⑥ 是否可以简化或重新配置分布式控制系统(DCS)模块，即使一个模块出现故障也不会使大量关键控制回路失效？

附录C CSB调查报告执行摘要

本附录转载了题为“改进反应性危害管理”的危险调查报告的执行摘要(CSB 2002b)。这份由美国化学安全和危险调查委员会(CSB)发布的报告记录了对不受控制的化学反应性事故、与化学反应性危害相关的美国法规以及相关主题的审查。报告向政府、工业和劳工组织提出了建议。

C1 导言

化学物质进行反应或结构转变的能力是化学加工工业的核心。化学反应使得制造的产品多样化。然而，如果没有正确理解和控制，化学反应会导致重大危险。

反应性(有关“反应性”的定义和许多其他技术术语，请参阅术语表)不一定是化学物质的固有特性。与反应性相关的危害与工艺特定因素有关，例如操作温度、压力、处理量、浓度、其他物质的存在以及具有催化作用的杂质。

安全地进行化学反应是化学制造业的核心竞争力。然而，化学反应可以快速释放大量的热量、能量和气体副产物。

不受控制的反应导致了严重的爆炸、火灾和有毒气体的排放。从人员伤亡、物质财产损失和对环境的影响来看，这些影响可能是严重的。特别是，1995年在Napp技术公司和1998年在莫顿国际公司发生的事故引起了人们对国家一级的反应性危害的关注。这些事故和美国各地的其他事故突出表明，有必要改进对反应性危害的管理。例如：阿肯色州西海伦娜(West Helen)的BPS公司(1997年)，3人死亡；马里兰州巴尔的摩的Condea Vista(1998年)，5人受伤；密歇根州怀特霍尔(Whitehall)的白厅皮革(Whitehall Leather)公司(1999年)，1人死亡；宾夕法尼亚州艾伦镇的概念科学(Concept Sciences)公司(1999年)，5人死亡，14人受伤。

各种法律要求和法规管理与高危化学品(包括反应性化学品)相关的危害，其中包括职业安全和健康管理局(OSHA)和美国环境保护署(EPA)的法规。

OSHA制定并实施保护员工免受工作场所危害的标准。在引发博帕尔悲剧的反应性事故之后，OSHA担心在美国的化学工厂可能会发生一场灾难。它自己在1980年代中期的调查表明，有必要超越现有标准。

1984年12月4日，印度博帕尔(Bhopal)意外释放了大约40t的异氰酸甲酯。这一事故在短时间内估计导致超过20000人死亡(Lees 1996)。博帕尔和其他一系列重大事故凸显了加强对过程安全管理的必要性。OSHA开始制定一项标准，将这些原则纳入其中。该标准拟议于1990年出版。此外，1990年的《清洁空气法修正案(Clean Air Act Amendments，CAAA)》要求OSHA颁布一项标准，以保护员工免受与高危危险化学品(包括反应性化学品)释放相关的危害。

1992年，OSHA颁布了其《过程安全管理(PSM)标准(29 CFR 1910.119)》。该标准涵盖含有单独列出的化学品的工艺，这些化学品存在一系列危害(包括反应性)，以及一类易燃化学品。反应性化学品是从美国国家消防协会(NFPA)确定和评级的现有化学品清单中选出的，因为它们的不稳定性等级为“3”或“4”(等级为0~4)。OSHA使用1975版NFPA 49《危险化学品数据》。NFPA不稳定性等级为“4”，意味着物质本身在常温、常压下容易爆炸，或者发生爆炸分解或爆炸反应。评级为“3”意味着材料本身能够爆炸，或者发生爆炸分解或爆炸反应，但需要强起爆源，或者在起爆前必须在密闭条件下加热。

CAAA还要求EPA制定法规，以防止可能对公众或环境产生严重影响的物质(包括反应剂)的意外释放。1996年，EPA根据国会的授权，颁布了意外释放预防要求：《风险管理计划(RMP；40 CFR 68)》。尽管本标准制定了关于公众通知、应急响应和事故报告的新措施，但其过程安全管理要求与OSHA的PSM标准相似。为了达到这一规定的目的，EPA根据毒性和易燃性确定了所涵盖的物质，但不确定其化学活性。

美国化学工程师学会(AIChE)、美国化学理事会(ACC)、合成有机化学品制造商协会(SOCMA)和全国化学品经销商协会(NACD)等专业和行业协会向其成员提供自愿的化学过程安全指导。

1985年，AIChE建立了化学过程安全中心(CCPS)，以应对博帕尔悲剧。制造商、政府和科研团体赞助CCPS，该机构在过程安全技术和管理领域发布了广泛的行业指南。CCPS最近发布了关于反应性危害的安全警报，并且正在开发更全面的产品。

ACC和SOCMA各自都有计划在成员公司中推广化学过程安全领域的良好做法。同样，NACD促进良好的分销实践，并向最终用户传播关于正确处理化学产品的信息。

这份由美国化学安全和危害调查委员会(CSB)撰写的报告《危害调查：改进反应性危害管理(Hazard Investigation: Improving Reactive Hazard Management)》考察了美国的化学过程安全，特别是危险化学品的反应活性。其目标是：

① 确定反应性化学事故的影响。

② 审查工业界、OSHA和EPA目前如何处理反应性化学危害。

③ 确定小、中、大公司在反应性化学政策、实践、内部反应性研究、测试和过程工程方面的差异(如果存在的话)。

④ 分析行业和OSHA使用NFPA不稳定性评级系统进行过程安全管理的适当性，并考虑其他替代方案。

⑤ 制定减少反应性化学品事故数量和严重程度的建议。

C2 调查过程

CSB完成了以下任务：

① 通过收集和审查可用数据来分析反应性事故。

② 调查了当前工业中的反应性危害管理实践。

③ 访问公司，观察反应性危害管理做法。

④ 对反应性危害的监管范围进行了分析。

⑤ 与利益攸关方会晤，讨论改进反应性危害管理的问题和方法。

⑥ 举行了一次公开听证会，会上就危险调查的主要结果和初步结论征求了更多利益攸关方的意见。

数据分析包括评价反应事故的数量、影响、概况和原因。CSB审查了超过40个数据来源(例如：行业和政府的数据库和指导文件；安全/损失预防文本和期刊；行业协会、专业协会、保险和学术通讯)，重点关注与化学反应有关的事故。

就本调查而言，“事故(incident)”被定义为一种突发事件，涉及不可控的化学反应(温度、压力和/或气体释放显著增加)，已经或有可能对人员、财产或环境造成严重伤害。

通过对选定的小型、中型和大型公司的调查，收集了有关化学工业中反应性危害管理的良好实践的信息。CSB还访问了已实施管理反应性危害计划的化学工业装置。

C3 主要调查结果

CSB分析的有限数据包括1980年1~2001年6月期间在美国发生的167起涉及不受控制的化学反应的严重事故。其中，48起事故共造成108人死亡。这些数据包括每年平均6起与伤害相关的事故，平均每年造成5人死亡。

在167起事故中，有近50起影响了公众。“公众影响”被定义为已知的伤害、场外疏散或原地避难。

在167起事故中，超过50%的事故涉及现有的OSHA或EPA工艺安全条例未涵盖的化学品。OSHA《PSM标准(29 CFR 1910.119)》和EPA的《意外释放预防要求》：《清洁空气法案》第112(R)(7)(40 CFR 68)条下的《风险管理程序(RMP)》。

在167起事故中，约有60%的化学品未被NFPA评定为“无特殊危害”(NFPA级别为“0”)。NFPA的不稳定性等级为“0”意味着材料本身通常是稳定的，即使在“火灾”条件下也是如此。在167起事故中，只有10%的事故涉及NFPA公布的评级为“3”或“4”的化学品。

就OSHA的PSM标准而言，NFPA不稳定等级在识别反应性危害方面有以下限制：它们最初是为初始应急响应目的而设计的，不适用于化学过程安全；它们仅解决固有的不稳定性，而不是与其他化学物质(水除外)的反应性或在非环境条件下的化学行为；OSHA的PSM标准列出的高反应性化学品所依据的NFPA 49标准(1975年版)仅涵盖了325种化学物质，这是工业中使用的化学品的很小一部分[化学品文摘(CSA)处保存着关于国家和国际条例所列的超过20万种化学品的数据]；OSHA的PSM标准列出了137种高危危险化学品，根据NFPA“3”或“4”的不稳定等级，其中只有38种被认为是高度反应性的；NFPA评级是由一个系统建立的，该系统部分依赖于主观标准和判断。

作为1995年4月Napp技术公司事故的OSHA-EPA联合化学事故调查的结果，EPA和OSHA提出了一项建议，考虑将更多的反应性化学品添加到其各自的工艺安全条例所涵盖的化学品清单。迄今为止，OSHA和EPA工艺安全条例都没有被修改，以更好地涵盖反应性危害。

反应性危害是多种多样的。CSB分析的反应性事故数据包括：超过40种不同的化学类别(即酸、碱、单体、氧化剂等)，没有单一的主导类别；几种类型的危险化学反应，36%归因于化学不相容，35%归因于失控反应，10%归因于对撞击敏感或热敏感材料；对于各种化学工艺设备(包括反应容器、储罐、分离设备和转移设备)，储存和工艺设备(不包括化学反应容器)占所涉设备的65%以上；化学反应容器仅占25%。反应性事故可导致各种后果，包括火灾和爆炸(占事故的42%)和有毒气体排放(占事故的37%)。

没有一个全面的数据源包含充分理解根本原因所需的数据，也没有从反应事故或其他过程安全事故中吸取的教训。

OSHA和EPA收集的事故数据不具备跟踪反应事故的功能，因此无法分析事故趋势，并在国家一级制定预防措施。

在167起事故中，只有20%报告了原因和吸取的教训。行业协会、政府机构和学术界通常不会收集这些信息。然而，超过60%的事故涉及识别危险或进行过程危险评估的不当做法；近50%涉及化学品的储存、处理或加工程序不完善。因果因素统计的总和超过了100%，因为每个重大事故都有一个以上的原因。

CSB分析的事故中超过90%涉及反应性危害，这些反应性危害记录在可公开查阅的文献中，可用于化工加工和处理行业[请参见CSB(2000b) 6.1节所选文献清单]。

尽管有几种软件工具和文献资源(NOAA 2002；Balaraju et al 2002；Urben 1999)可用于识别反应性危害，但被调查的公司一般不使用这些工具。在某些情况下，这些工具提供了一种有效的手段，无需进行化学测试就可识别反应性危害。

接受调查的公司共享大多数化学品的一般性质的化学品数据[例如材料安全数据表(MSDS)]和一些化学品的良好处理做法。然而，详细的反应性化学测试数据(如热稳定性数据)，对于识别反应性危害可能很有价值，但通常不会共享。

在167起事故中，约有70% 发生在化学品制造行业，30% 涉及大量储存、处理或使用化学品的各种其他工业部门。

目前，通过专业协会、标准组织、政府机构或行业协会，只有有限的关于在化学品生产过程的整个生命周期中管理反应性危害的指导(CCPS的《管理化学反应性危害的基本做法(Essential Practices for Managing Chemical Reactivity Hazards)》可能会弥补行业指南中的这一缺陷)。在以下方面存在重大差距：在过程危险分析(PHA)中应该检查反应性危害的独特方面，例如需要反应性化学测试数据，以及识别和评估涉及未控制反应性的最坏情况的方法；将反应性危害信息整合到过程安全信息、操作规程、培训和交流实践中；回顾化学过程中所提议的变化对反应性危害的影响；针对主要从事散装储存、处理和使用化学品的公司的简明指南，防止无意中混合不相容物质。

一些自愿的行业倡议，如ACC的“责任关怀(Responsible Care)”和NACD的“责任分配过程(Responsible Distribution Process，RDP)”，为化学品制造商和分销商提供过程安全管理的指导。然而，没有自愿行业计划列出反应性危害管理的具体规范或要求。

EPA的RMP规则和欧洲共同体(European Community)的SevesoⅡ指令都免除了某些监管规定的涵盖程序，前提是该装置证明在合理的最坏情况下，过程事故不会造成灾难性损害。新泽西州也在考虑在其拟议的《有毒灾难预防法案(Toxic Catastrophe Prevention Act，TCPA)》条例进行类似的修订。

C4 结论

反应事故是一个重大的化学品安全问题。

OSHA的PSM标准在反应危害的覆盖范围上存在显著差距，因为它基于具有固有反应性质的单个化学品的有限清单。

NFPA不稳定性评级不足以作为OSHA的PSM标准中确定反应性危害的唯

一依据。

EPA的《意外释放预防要求(Accidental Release Prevention Requirements)》(40 CFR 68)在反应性危害的覆盖面上存在很大差距。

使用化学品清单对于反应性危害的监管覆盖面来说是不充分的。改进反应性危害管理，要求监管机构和行业都要解决化学品和特定工艺条件组合的危害，而不是仅关注单个化学品的固有特性。

反应事故并不是化学制造行业所独有的。它们也发生在储存、处理或使用化学品的许多其他行业。

现有的事故数据来源不足以确定反应事故的数量、严重程度和原因，也不足以分析事故频率趋势。

没有公开的数据库可用于分享从反应事故中汲取的经验教训。

OSHA的PSM标准和EPA的RMP规则都没有明确要求在进行过程危险分析时检查特定的危险，如反应性危害。鉴于反应性事故通常是由于对反应性危害的认识和评估不足造成的，改进反应性危害管理涉及界定和要求在过程危害分析中检查相关因素(例如产生的热量和气体的速率与数量)。

OSHA的PSM标准和EPA的RMP规则没有明确要求在汇编过程安全信息时使用多种来源。

公共资源并不总是被行业用来协助识别反应性危害。

没有公开可用的数据库来共享反应化学测试信息。

目前关于如何在化学制造过程的整个生命周期中有效管理反应性危害的良好实践指南，既不完整，也不够明确。“生命周期”是指化学制造过程的所有阶段——从概念、过程研究和开发(R&D)、工程设计、施工、调试、商业运行、重大修改和退役。

鉴于反应性危害的影响和多样性，预防反应性事故的最佳进展既需要加强监管，也需要非管制方案。

C5 建议

C5.1 OSHA

修订PSM标准(29 CFR 1910.119)，以实现对可能产生灾难性后果的反应性危害的更全面控制。

扩大应用范围，以涵盖因特定工艺条件和化学品组合而产生的反应性危害。此外，扩大自反应性化学品的危害范围。在扩大PSM标准覆盖范围时，应使用客观标准，例如“北美工业分类系统(North American Industry Classification, NAICS)”、反应性危害分类系统(例如基于反应热或有毒气体的演化)、事故史或灾难性的潜在危险。

在编制过程安全信息时，要求充分咨询多种信息来源，以了解和控制潜在的反应性危害。有用的资料包括：文献调查(《Bretherick's Handbook(布雷瑟里克手册)》和《Sax's Dangerous Properties of Industrial Materials(萨克斯工业材料的危险特性)》)；由计算机化工具开发的信息(例如ASTM的CHETAH、NOAA的化学反应性工作表)；由雇主提供的或从其他来源获得的化学反应活性测试数据(例如差示扫描量热法、热重分析法、加速速率量热法)；来自工厂、公司、行业和政府的相关事故报告；化学文摘服务。

增加过程危险分析(PHA)要素，明确要求对反应性危害进行评价。在修订这一要素时，应评估考虑相关因素的必要性，例如：产生的热量或气体的速率和数量；避免分解的最高工作温度；反应物、反应混合物、副产物、废物流和产物的热稳定性；变量的影响(如充电率、催化剂添加、可能的污染物)；了解失控反应或有毒气体排放的后果。

实施一项计划，以定义和记录OSHA调查的或根据OSHA法规需要调查的反应性事故的信息。对收集到的信息进行组织，以便能够用来衡量在预防导致灾难性释放的反应事故方面的进展情况。

C5.2 EPA

修订《意外释放预防要求(Accidental Release Prevention Requirements)》(40 CFR 68)(RMP)，明确涵盖可能对公众造成严重影响的灾难性反应性危害，包括那些由自反应化学品和化学品组合以及特定工艺条件引起的危害。考虑到本报告对OSHA关于反应性危害范围的建议。如有必要，请寻求国会授权，以修订该条例。

修改RMP信息中的事故报告要求，以定义和记录反应事故。考虑在EPA现行5年事故报告要求(气体释放、液体泄漏/蒸发、火灾和爆炸)中，将“反应事故”一词添加到现有的4个“释放事故”中。建立这种信息收集的结构，以便

EPA及其利益攸关方能够确定并将资源集中于经历事故的工业部门、所涉及的化学品和工艺，以及对公众、劳动力和环境的影响。

C5.3 NIST

开发并实施一个可供公众使用的反应危险试验信息数据库，构建系统，鼓励个别公司、学术和政府机构提交符合化学测试要求的数据。

C5.4 CCPS

发布关于反应性危害管理系统模型的综合指南。至少，确保这些指南涵盖：

① 对从事化学制造的公司，是反应性危害管理，包括危害识别、危害评估、管理变化、本质安全设计以及适当的程序和培训。

② 对于主要从事化学品的散装储存、处理和使用的公司，是识别和预防反应性危害，包括不相容物质的无意混合。

将本报告的调查结果和建议传达给你的会员。

C5.5 ACC和SOCMA

扩展《责任关怀流程安全规范(Responsible Care Process Safety Code)》，以强调管理反应性危害的必要性，并且确保：成员公司必须有管理反应性危害的方案，这些方案至少涉及危害识别、危害评估、管理变化、本质上更安全的设计以及适当的程序和培训；有一个程序可以向你的会员传达现有工具、指导和倡议的可用性，以帮助识别和评估反应性危害。

开发并实施一项报告反应性事故的计划，包括与你的会员、公众和政府共享相关的安全知识和经验教训，以提高安全系统的性能并防止将来发生事故。

与NIST合作开发并实施一个可公开使用的反应性危害测试信息数据库，促进会员提交数据。

向你的会员传达本报告的调查结果和建议。

C5.6 NACD

扩展现有的责任分配流程，将反应性危害管理纳入重点领域。至少应确保修订版涉及存储和处理，包括无意混合不相容化学品的危险。

向你的会员传达本报告的调查结果和建议。

C5.7 其他组织

这些组织包括：国际消防员协会(International Association of Firefighters)、

纸业、联合工业、化学和能源工人国际联盟(Paper, Allied-Industrial, Chemical & Energy Workers International Union, PACE)、美国钢铁工人联合会(The United Steelworkers of America)、缝纫、工业和纺织工人联合会(Union of Needletrades, Industrial, and Textile Employees, UNITE)、联合食品和商业工人国际联合会(United Food and Commercial Workers International Union)、美国安全工程师协会(American Society of Safety Engineers, ASSE)、美国工业卫生协会(American Industrial Hygiene Association, AIHA)。

这些组织建议将此报告的结果和建议传达给你的会员。